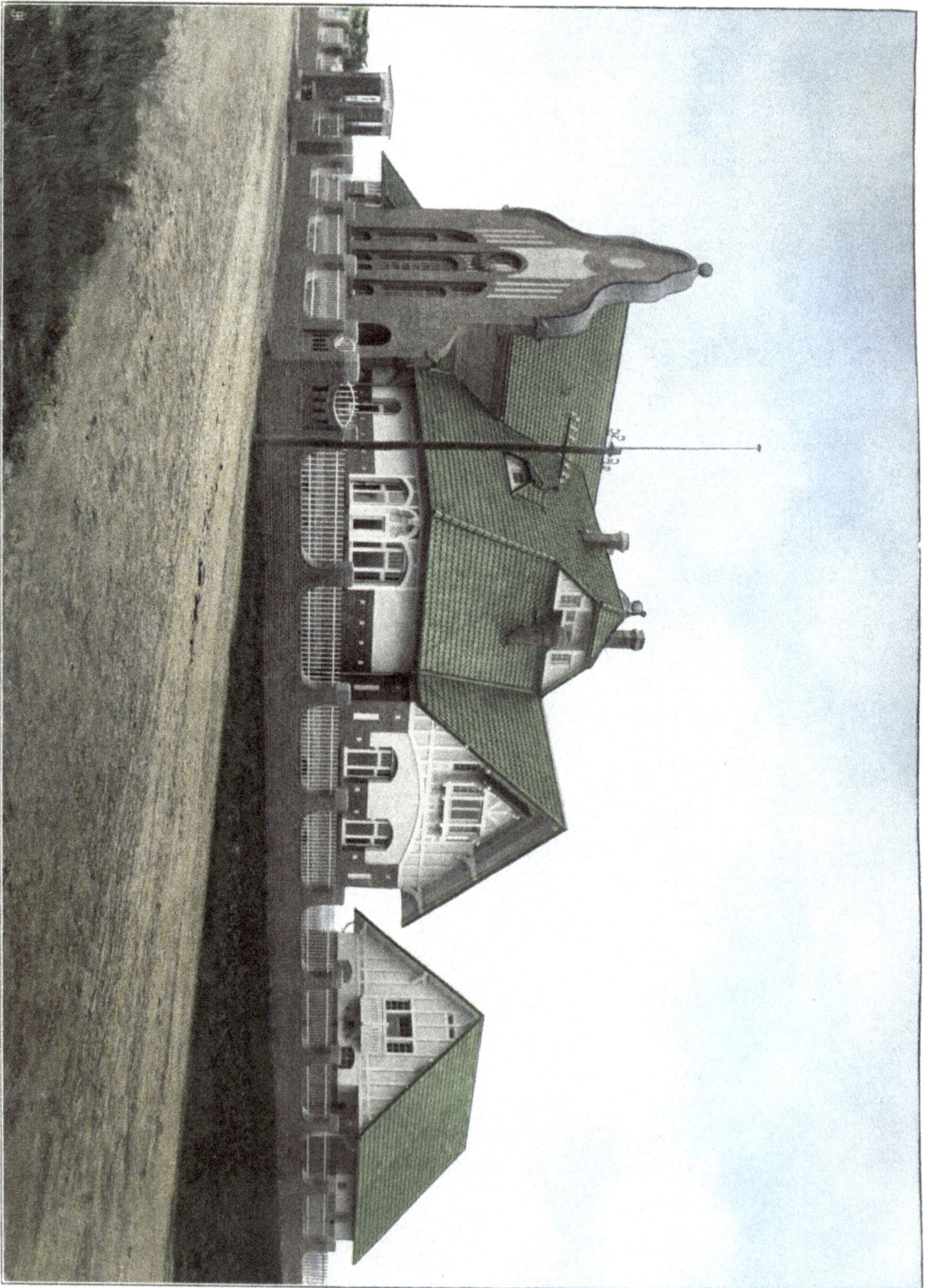

Fig. 4. Pumpwerksgebäude (Gesamtansicht).

DIE WASSERVERSORGUNG

des

SEEBACH-GEBIETES

von

B. v. Boehmer,

Großherzoglicher Baurat und Vorstand der Großherzoglichen
Kulturinspektion Mainz.

———

Mit 10 Tafeln und 14 Abbildungen.

———

Photographische Aufnahmen von ROBERT DOES, ALZEY.
Tafeln gezeichnet von Geometer HÄRING und PHIL. HAUF.

München und Berlin.
Druck und Verlag von R. Oldenbourg.
1906.

Inhaltsverzeichnis.

I. Beschreibung der Anlage.

II. Geschichte der Verbandsbildung und Bauausführung.

I. Beschreibung der Anlage.

1. Umfang, Lage und geologische Beschaffenheit des Wasserversorgungsgebietes.

(Übersichtskarte der Provinz Rheinhessen Tafel I und Lageplan des Seebachgebietes Tafel II.)

Die Wasserversorgung des Seebachgebietes ist zur Versorgung der Gemeinden Abenheim, Bechtheim, Bermersheim, Blödesheim, Dalsheim, Dittelsheim, Frettenheim, Gundheim, Heßloch, Mettenheim, Monzernheim, Nieder-Flörsheim, Pfeddersheim, Osthofen und Westhofen mit Trink- und Brauchwasser bestimmt.

Von den genannten Orten liegen Osthofen und Mettenheim in der Rheinebene, Westhofen im Seebachtal, Pfeddersheim im Pfrimmbachtal, während sich die übrigen Gemeinden auf den Hochebenen zwischen Seebach- und Pfrimmbachtal und nördlich vom Seebachtal befinden.

Das Gebiet besitzt bezüglich seines geologischen Aufbaues und unter Bezug auf seine Grundwasserverhältnisse wesentliche Verschiedenheiten. Die nördlichen Gemeinden liegen zum Teil am Rande oder auf der Höhe eines Lößplateaus unter dem erst in beträchtlicher Tiefe, über oder in den anstehenden Tertiärschichten, Wasser zu finden ist.

Zum anderen Teil liegen sie auf Cyrenenmergeln oder Rupeltonen, die selbst kein oder doch nur wenig Wasser enthalten, und über denen sich nur auf der Oberfläche in angeschwemmtem Boden Tagwasser, von nur zu oft zweifelhafter Güte, sammelt, das nach einer Reihe trockener Jahre, wie leicht begreiflich, in seiner Menge erheblich abnimmt oder auch ganz verschwindet.

Im Seebachtal zwischen West- und Osthofen liegen die Grundwasserverhältnisse ohne Zweifel günstig; dies beweist die im Orte Westhofen in ganz auffallender Mächtigkeit zutage tretende Quelle, neben der auch eine ganz erhebliche Menge in der Tiefe bleibendes Wasser in den Kalken nach dem Rheintal abfließt. Südlich des Seebachtales treffen wir wieder ähnliche Verhältnisse wie im Norden desselben, nur mit der Ausnahme, daß hier an einzelnen Stellen, an denen der Cyrenenmergel von dem Kalkplateau überlagert ist, besonders an den Steilabhängen, bald stärkere bald schwächere Quellen zutage treten. Diese Quellen schwanken in ihrer Ergiebigkeit stark, da sie von den jeweiligen Niederschlagsverhältnissen abhängig sind. Man kann deshalb bei Anlage einer Wasserversorgung nicht auf sie rechnen, abgesehen davon, daß das Zusammenleiten der zahlreichen kleinen Quellen mit erheblichen Schwierigkeiten und Kosten verknüpft sein würde.

In der Südostecke bei Pfeddersheim treten mächtige jungtertiäre Sande auf, in denen durch tiefere Bohrungen an manchen Stellen wohl Wasser gefunden wurde, das sich jedoch in keinem Falle zu Wasserversorgungszwecken ausreichend erwies.

Hauptsächlich hatten die Gemeinden im nordwestlichen und südwestlichen Teil des Gebietes unter Wassermangel zu leiden, während die übrigen Ortschaften zwar mit Wasser im großen und ganzen hinlänglich versorgt waren, das aber fast ausnahmslos minderwertig war. Es wurde deshalb durch die Großherzogliche Kulturinspektion Mainz ein Projekt zur gemeinsamen Versorgung aller oben erwähnten Gemeinden, zu denen noch die Gemeinde Herrnsheim gehörte, die aber auf eigenen Wunsch vorerst nicht mitangeschlossen wurde, ausgearbeitet.

2. Vorarbeiten.

a) Wasserbedarf.

Der Wasserbedarf der Gemeinden des Versorgungsgebietes ist in der nachstehenden Tabelle unter Berücksichtigung der für Landgemeinden üblichen Einheitssätze ermittelt.

Im Hinblick auf eine spätere Zunahme der Bevölkerung ist ein Zuschlag von 5 bis 50 % je nach den Verhältnissen der einzelnen Gemeinden in Rechnung gesetzt worden, so daß anzunehmen ist, daß die Anlage auf die Dauer von ca. 50 Jahren ausreicht.

Der berechnete Maximalbedarf beziffert sich für jetzt auf

$$1370 \text{ cbm},$$

während er in 50 Jahren ca.

$$1794 \text{ cbm}$$

betragen wird.

Der Wasserbedarfsberechnung sind die Volks- und Viehzahlen der Zählungen vom Jahre 1900 zugrunde gelegt worden.

b) Wasserbeschaffung.

Es liegt für jedermann auf den ersten Blick nahe, daß man auf der Suche nach einer Wasserbeschaffungsstelle für das zu versorgende Gebiet an die äußerst kräftige Quelle im Orte Westhofen denken mußte, die etwa 5000 bis 6000 cbm am Tage liefert. Allein wenn man dieses Wasser benutzen wollte, so mußte es erst in einwandfreier Weise gefaßt werden, denn die Quelle tritt mitten zwischen den Häusern in einem vollständig umbauten Weiher aus und ist daher selbstverständlich allen möglichen Verunreinigungen sehr stark ausgesetzt. Man hätte also zunächst das Wasser durch Stollen oberhalb des Ortes abfangen müssen. Da das Gebirge an dieser Stelle sehr unregelmäßig gelagert ist und die Quelle nach den Untersuchungen des Großherzogl. Landesgeologen Professor Dr. Steuer in Darmstadt auf der Kreuzung von Verwerfungsspalten zwischen Korbikularkalken und jungtertiären Sanden zutage tritt, so würde diese Fassungsanlage ganz erheblichen Schwierigkeiten begegnet sein. Das Wasser hätte überdies so tief gefaßt werden müssen, daß seine Nutzbarmachung mit natürlichem Gefälle ausgeschlossen gewesen wäre.

Da schließlich noch eine ganze Anzahl von Interessenten, worunter verschiedene Müller und Triebwerksbesitzer ein Anrecht auf das Wasser hätten geltend machen können, so wäre ohne Zweifel mit erheblichen Summen für Entschädigungen und Abfindungen zu rechnen gewesen.

Es erschien aus diesen Gründen wesentlich ratsamer, in die mächtige Talalluvion des Rheines zu gehen, wo durch die Voruntersuchungen der Stadt Worms sehr gutes Wasser in überreicher Menge bereits nachgewiesen war, das durch Tiefbrunnen mit wesentlich geringen Kosten erschlossen werden konnte, als es im Westhofener Quellgebiet der Fall gewesen wäre. Der südöstlich von Ost-hofen ziehende Grundwasserstrom wird in der Hauptsache aus dem Grundwasser des Rheintales gebildet, erhält aber auch Zufluß aus dem Grundwasser des Pfrimmbach- und des Seebachtales. In dem fraglichen Gebiet wurden seinerzeit von der Stadt Worms drei Bohrlöcher ausgeführt und da-bei nach dem damals abgegebenen Gutachten des Großherzogl. Landesgeologen Prof. Dr. Steuer-Darmstadt nachstehendes Ergebnis erzielt:

Unter einer aus Lehm bestehenden Deckschicht liegen regellos wechselnde Kiese und Sande, unter denen schwerer altdiluvialer Letten lagert. Die Kiese und Sande stammen zum Teil aus dem Rheingebiet und zum Teil vom Donnersberg, dem Ursprung der Pfrimm. Dieser Teil der Kiese ist, da er nur einen verhältnismäßig kurzen Weg von seinem Ursprungsgebiete bis zu seiner jetzigen Lagerstelle zurückzulegen hatte und deshalb nicht so abgeschliffen und zerkleinert wurde wie die aus dem oberen Rheintal stammenden Geschiebe, wesentlich grobkörniger wie der des Rheintales und eignet sich daher bedeutend besser als Grundwasserträger. Vor allem zeigt sich der sich an anderen Stellen des Rheinalluviums oft bei Brunnenanlagen unangenehm bemerkbar machende graue oder blaue Flugsand nur in unerheblichem Umfange.

Um über die Verhältnisse des Grundwassergebietes noch weitere Klarheit zu bekommen, wurde sowohl quer als senkrecht zu seiner mutmaßlichen Stromrichtung d. h. also zwischen der Bahnlinie Mainz—Worms und Rheindürkheim, wie zwischen der Bahnlinie und der Kreisstraße Ost-hofen—Rheindürkheim, eine Anzahl Probebohrungen vorgenommen, die in großem und ganzem das durch die Bohrungen der Stadt Worms Festgestellte bestätigten.

Die sich ergebenden Bodenprofile sind in Tafel III dargestellt.

Der unter den Kiesen und Sanden lagernde Letten fällt von dem Berg nach dem Rhein zu ab. Das bei den Bohrungen durchsunkene Profil zeigt grobe Kiese und Sande, die ab und zu mit grauen und blauen Rheinsanden wechseln.

Der blaue Letten, der vermutlich bereits dem Tertiär angehört, liegt in der Regel zwischen 17 bis 19 m unter Terrain.

c) Versuchsbrunnen und Pumpversuch.

Zur Aufklärung über die Durchlässigkeit des Untergrundes und die Ergiebigkeit des Grund-wasserstromes, und um die zur Deckung des berechneten maximalen Wasserbedarfes erforderliche Anzahl von Brunnen, die Grundwasserabsenkung und die Brunnenabstände bei einer gewissen Ent-nahme feststellen zu können, sowie sonst wissenswerte Aufschlüsse zu erhalten, war es erforderlich, einen Versuchsbrunnen herzustellen und einen Dauerpumpversuch auszuführen. Es wurde zu diesem Zwecke bei Bohrloch I ein Filterbrunnen bis zur Lettenschicht abgesenkt. Die Bohrweite dieses Brunnens beträgt 1000 mm und die Weite des mit Kies umfüllten Filterrohres 500 mm. An diesem Brunnen wurde vom 17. Juni bis 9. Juli 1904 ein dreiwöchiger Dauerpumpversuch mit Zentrifugal-pumpe und Lokomobile ausgeführt, dessen Ergebnis in Tafel IV graphisch dargestellt ist. Im Ver-laufe dieses Pumpversuches wurden im Durchschnitt 8,5 Sek.-l. d. i. pro Tag 737 cbm gepumpt. Die Gesamtfördermenge betrug 15718 cbm. Als größte Absenkung ergaben sich hierbei 1,28 m.

In einem Umkreis von 50 und 100 m vom Versuchsbrunnen waren je 4 Beobachtungsröhren, die einige Meter in die wasserführende Schicht hineinreichten, heruntergetrieben worden, um die Schwankungen des Grundwassers zu beobachten. Die Grundwasserabsenkung betrug im inneren Kreis im Mittel 0,40 m und im äußeren Kreis 0,24 m.

Auf den Wasserstand in den weiter entfernten Bohrlöchern 2, 3, 4 und 5 war eine Ein-wirkung des Pumpversuches nicht bemerkbar.

Berechnung des Wasserbedarfs.

Lfde. Nr.	Gemeinde	Einwohnerzahl	Pro Kopf u. Tag gerechnet Liter	Bedarf pro Tag Liter	Großvieh	Pro Kopf u. Tag gerechnet Liter	Bedarf pro Tag Liter	Kleinvieh	Pro Kopf u. Tag gerechnet Liter	Bedarf pro Tag Liter	Maximalbedarf pro Tag l	Zuschlag für Zunahme der Bevölkerung %	Voraussichtlicher Maximalbedarf nach 50 Jahren l	Bemerkungen
1	2	3	4	5	6	7	8	9	10	11	12	13	14	15
1	Bechtheim	1382	50	69 100	622	50	31 100	795	10	7 950	108 150	20	129 780	1. Zone jetzt 165,350 cbm bzw. nach 50 Jahren 198,420 cbm
2	Mettenheim	752	50	37 600	300	50	15 000	460	10	4 600	57 200	20	68 640	
3	Westhofen	1703	50	85 150	574	50	28 700	557	10	5 570	119 370	40	167 118	
4	Heßloch	957	50	47 850	360	50	18 000	424	10	4 240	70 090	20	84 108	II. Zone jetzt 274,570 cbm bzw. nach 50 Jahren 350,799 cbm
5	Dittelsheim	928	50	46 400	337	50	16 850	480	10	4 800	68 050	20	81 660	
6	Frettenheim	180	50	9 000	132	50	6 600	146	10	1 460	17 060	5	17 913	III. Zone jetzt 99,250 cbm bzw. nach 50 Jahren 104,213 cbm
7	Monzernheim	597	50	29 850	431	50	21 550	314	10	3 140	54 540	5	57 267	
8	Blödesheim	467	50	23 350	369	50	18 450	291	10	2 910	44 710	5	46 946	
9	Osthofen	3 707	50	185 350	644	50	32 200	1 202	10	12 020	229 570	40	321 398	1. Zone jetzt 643,400 cbm bzw. nach 50 Jahren 920,023 cbm
10	Obenheim	1 490	50	74 500	574	50	28 700	740	10	7 400	110 600	30	143 780	
11	Herrnsheim	2 110	50	105 500	566	50	28 300	718	10	7 180	140 980	50	211 470	
12	Pfeddersheim	2 690	50	134 500	416	50	20 800	695	10	6 950	162 250	50	243 375	
13	Gundheim	611	50	30 550	249	50	12 450	278	10	2 780	45 780	20	54 936	II. Zone jetzt 187,640 cbm bzw. nach 50 Jahren 220,53 cbm
14	Bermersheim	245	50	12 250	304	50	15 200	132	10	1 320	28 770	5	30 209	
15	Dalsheim	711	50	35 550	366	50	18 300	273	10	2 730	56 580	20	67 896	
16	Nieder-Flörsheim	744	50	37 200	316	50	15 800	351	10	3 510	56 510	20	67 812	
		19 274		963 700	6 560		328 000	7 856		78 560	1 370 210		1 794 308	

Ferner wurde sowohl während des Pumpversuches wie im weiteren Verlaufe der Voruntersuchungen festgestellt, daß ein normales Fallen und Steigen des Rheines auf den Grundwasserstand
im Probebrunnen und den übrigen Bohrlöchern keine Rückwirkung ausübt.

In der Zeit vom 15. Juni bis 24. September 1904 war beispielsweise der Rhein um 2,02 m
gefallen, während der Wasserspiegel im Versuchsbrunnen nach wie vor auf Kote 87,03 m über
Normalnull stand.

d) Chemische und bakteriologische Untersuchung des Wassers.

Um die Brauchbarkeit des Wassers zu Trinkzwecken nachzuweisen, wurde während des
Pumpversuches eine chemische und bakteriologische Untersuchung des Grundwassers durch die
Großherzogliche chemische Prüfungsstation zu Darmstadt vorgenommen. Das Ergebnis war folgendes:

1. Probe zur chemischen Untersuchung enthielt in je 1000 ccm (= 1 l):

Gesamtrückstand (bei 100° C getrocknet) 558 mg; darin:

Kieselsäure	6,8 mg
Eisenoxyd	1,6 „
Entspr. Eisenoxydul	1,4 „
Kalk	135,6 „
Magnesia	70,2 „
Chlor	43,6 „
Schwefelsäure	80,0 „
Salpetrige Säure	0,0 „
Salpetersäure	0,0 „
Ammoniak	0,0 „
Deutsche Härtegrade	23,4°

Die in 1000 ccm Wasser vorhandenen organischen Substanzen verbrauchten zur Oxydation:

Übermangansaures Kalium	3,1 mg
Reaktion des Wassers	schwach alkalisch
Temperatur des Wassers	10,2° C.

2. Die Proben zur bakteriologischen Untersuchung wurden gleichzeitig mit der
vorgenannten Probe entnommen und zwar wurden am Orte der Probeentnahme 5 Plattenkulturen
mit je 1 ccm Wasser und 10 ccm Nährgelatine angelegt.

Es entwickelten sich im Mittel aus allen Versuchen aus 1 ccm Wasser:

Nach 3 Tagen 12 Kolonien (Mittel aus 5 Versuchen)
„ 4 „ 23 „ („ „ 3 „)
„ 5 „ 43 „ („ „ 3 „)
„ 6 „ 44 „ („ „ 3 „)
„ 7 „ 40 „ („ „ 2 „)
„ 8 „ 35 „ („ „ 1 „)
„ 9 „ 35 „ („ „ 1 „)

Vom 8. bzw. 9. Tage an mußte das Zählen der Kolonien infolge Überwucherns peptonisieren-
der Bakterien eingestellt werden. Der Rückgang der Zahl der Kolonien vom 7. Tage an ist ebenfalls der teilweisen Verflüssigung der Gelatine durch diese Bakterien zuzuschreiben. Die beobachteten Bakterien waren durchweg harmlose Wasserbakterien.

Die Keimzahl des Wassers ist als eine sehr niedrige zu bezeichnen und war dasselbe
demgemäß weder in chemischer noch in bakteriologischer Hinsicht irgendwie zu beanstanden.

Der relativ hohe Chlorgehalt mit 43,6 mg in einem Liter Wasser ist als irrelevant zu betrachten, denn er kann nicht organischer Herkunft sein, da das Endprodukt jeder organischen Zersetzung — die Salpetersäure — gänzlich fehlt.

Die Ursache des Chlorauftretens ist vielmehr nach dem von Herrn Geheimrat Professor Dr. Gaffky seinerzeit für die Stadt Worms abgegebenen Gutachten in der Beschaffenheit der vorkommenden, die Kiesschichten bildenden Gesteine zu suchen.

Etwas hoch ist auch der Gehalt an Eisenoxyd mit 1,6 mg im Liter, wenn als zulässige Menge 0,5 mg angenommen wird. Es entstand dadurch die Frage, ob eine Enteisenung des Wassers notwendig sei.

Herr Professor Proskauer, darüber befragt, äußerte sich folgendermaßen:

„Grenzzahlen, wieviel Eisen (mg im Liter) ein Trinkwasser enthalten darf, ohne daß lästige „Erscheinungen (Trübung, Verfärbung) zu befürchten sind, wenn das Wasser mit der Luft in Berührung „kommt, sind nicht aufgestellt worden, lassen sich auch nicht geben. Es muß verlangt werden, daß „ein zu obigem Zwecke brauchbares Wasser beim Stehen unter Luftzutritt (unter öfterem Schütteln „mit Luft) sich nicht verändert, d. h. keine Trübung und Ablagerung eines Bodensatzes zeigt. Es „kommt vor, daß Wasser noch nachweisbare Mengen von Eisenverbindungen enthält und trotzdem „bei den Proben die fraglichen Erscheinungen nicht auftreten. Ein derartiges Wasser wird man un- „bedenklich für Trinkwasserversorgungszwecke brauchen können. Die Menge des im Wasser nach „dessen Enteisenung verbleibenden Eisens hängt von der chemischen Beschaffenheit des Wassers ab."

Beim Pumpversuch wurde das Wasser aus dem Versuchsbrunnen zunächst mit ziemlich hohem Absturz in einen offenen Meßkasten gepumpt. Alsdann durchlief es die verschiedenen Abteilungen dieses Kastens, einen Poncelet-Überfall, eine 300 m lange, nicht ganz gefüllte Rohrleitung einen 150 m langen Holzkanal und schließlich noch eine offene Grabenstrecke. Trotz dieses langen Laufes, während dessen das Wasser fortwährend mit der Luft in Berührung kam, trat weder eine Trübung ein, noch konnte eine Ablagerung von Eisenoxydschlamm beobachtet werden. Ein Versuch mit einer Wasserprobe von etwa 2 Litern, die in offenem Glaszylinder mehrere Wochen stehen blieb und in den ersten Tagen mittels Luftpumpe stündlich gründlich durchlüftet wurde, ergab auch ein negatives Resultat. Außerdem ließen die Erfahrungen, die man mit den ebenfalls in dem Grundwasserstrom des Rheines bei Bodenheim liegenden, zum Pumpwerk für die Wasserversorgung des Bodenheimer Gebietes gehörenden Brunnen gemacht hatte, hoffen, daß sich der Eisengehalt des Wassers während des Betriebes nach und nach ganz verlieren werde.

Bei den Bodenheimer Brunnen betrug der Eisengehalt ursprünglich 4,4 mg, ging nach dem dreiwöchigen Pumpversuch auf 3,4 mg zurück, betrug, nachdem das Pumpwerk etwa 10 Tage im regelmäßigen Betrieb war, 2,8 mg und hatte sich nach 9 Betriebsmonaten vollständig verloren. Es war daher anzunehmen, daß auch im vorliegenden Falle während des Betriebes eine erhebliche Verminderung des Eisengehaltes eintreten werde, und daß daher vorerst von einer Enteisenungsanlage abgesehen werden könne. Für den Fall, daß diese Annahme sich später als nicht zutreffend erweisen sollte, und daß beim dauernden Betrieb der Eisengehalt des Wassers zunehmen sollte, ist im Maschinenraum so viel Platz vorgesehen, daß darin die bei Anlage einer Enteisenung weiter erforderlichen Pumpen und Einrichtungen leicht untergebracht werden können.

Für die Enteisenungseinrichtung selbst wäre dann im Hofe des Pumpwerkes ein besonderes Nebengebäude, sowie ein Reinwasserbehälter herzustellen. Im Kostenanschlag sind hierfür entsprechende Mittel vorgesehen.

3. Brunnenanlage.

Nach der weiter unten folgenden Berechnung, die bei der Disposition des Pumpwerkes grundlegend war, sollen zur Versorgung der ersten Druckzone sekundlich 40 l gefördert werden.

Dieses Wasserquantum wird durch 5 Filterbrunnen, die in Abständen von 100 bis 250 m voneinander liegen, geliefert. (Lageplan des Wasserfassungsgebietes mit Brunnen und Pumpwerk Tafel V).

Jeder Brunnen wird im Maximum mit 8 Sek.-l. in Anspruch genommen. Es ist dies eine Wassermenge, bei der, wie der Pumpversuch gezeigt hat, weder ein Versanden der Brunnen noch eine zu erhebliche Absenkung des Grundwasserspiegels eintritt. Aus den Filterbrunnen wird das Wasser durch Heberleitung in einen Sammelbrunnen von 2,50 m Durchmesser geleitet, aus dem die Pumpen saugen. Die Endigungen der Heberleitung in den einzelnen Filterbrunnen sind mit Fußventilen versehen.

Durch Anordnung eines besonderen Absperrschiebers im Einsteigschacht jedes einzelnen Filterbrunnens kann jeder dieser Brunnen reguliert bzw. einzeln ein- und ausgeschaltet werden. Im Saugbrunnen ist der Heberscheitel mit dem Saugrohr verbunden, so daß nach entsprechender Stellung der Schieber auch vorübergehend aus den Filterbrunnen gepumpt werden kann.

4. Pumpwerksanlage.

Das Versorgungsgebiet gliedert sich in zwei Hälften, von denen jede durch einen Hauptdruckstrang gespeist wird (Lageplan Tafel II). Die nördliche Hälfte ist in drei und die südliche in zwei Druckzonen geteilt (Höhenplan Tafel VI). Jede Druckzone besitzt einen Haupthochbehälter, aus dem sich die verschiedenen Ortshochbehälter füllen, soweit sie nicht direkt an die Druckstränge angeschlossen sind.

Die Wasserförderung erfolgt durch 2 Pumpen und 2 Motoren. Der Betrieb ist wie folgt geregelt:

1. Beide Motoren fördern gleichzeitig mit zwei Pumpen in die erste Zone (Hauptbehälter I und IV).
2. Beide Motoren fördern mit einer Pumpe in die zweite Zone (Hauptbehälter II und V).
3. Ein Motor fördert mit $1/_2$ Pumpe in dritte Zone (Hauptbehälter III).

Im Falle eines Defektes an dem einen oder anderen Motor oder an der einen oder anderen Pumpe kann durch die Transmission der Betrieb auch übers Kreuz mindestens mit

1. einem Motor und einer Pumpe für die erste Zone,
2. einem Motor und $1/_2$ Pumpe für die zweite Zone,
3. einem Motor und $1/_2$ Pumpe für die dritte Zone

aufrechterhalten werden.

Die Förderleistung jeder der beiden Pumpen beträgt 20 l pro Sekunde.

Die Nutzleistung der Motoren berechnet sich wie folgt:

1. Für die erste Zone.

Förderung in die Hauptbehälter I und IV mit 2 Motoren und 2 Pumpen.

Der Höhenunterschied zwischen dem tiefstabgesenkten Brunnenwasserspiegel
und dem gleichhoch liegenden Einläufen genannter Hauptbehälter beträgt 154,60—83,00 =   71,60 m
Der Druckverlust in dem nördlichen und südlichen Druckstrang 8,64+28,08 =   36,72 „

Manometrische Förderhöhe: 108,32 m

[Die Berechnung der Druckverluste erfolgte nach der auf Grund der Darcyschen Formel berechneten Tabelle (Tafel X). Mit Rücksicht auf die später, nach langjährigem Betrieb zu erwartende Inkrustierung des Rohrinnern wurden die ermittelten Zahlen $1^{1}/_2$ fach genommen in Rechnung gesetzt].

Die Nutzleistung der beiden Motoren unter Berücksichtigung eines Zuschlages von 30% für Kraftverlust ist:

$$1,3 \cdot 40 \cdot 108,32 = 5632,64 \text{ mkg}$$
$$= 75,1 \text{ PS oder pro Motor } 37,6 \text{ PS.}$$

2. Für die zweite Zone.

Förderung in die Hauptbehälter II und V mit zwei Motoren und einer Pumpe.

Der Höhenunterschied zwischen dem tiefst abgesenkten Brunnenwasserspiegel und den gleichhoch liegenden Einläufen in diese Behälter beträgt:

$$219,50 - 83,00 = \ldots \ldots \ldots \ldots \quad 136,50 \text{ m.}$$

Der Druckverlust in dem nördlichen und südlichen Druckrohrstrang 25,47 +

$$19,07 = \ldots \ldots \ldots \ldots \ldots \ldots \ldots \quad \underline{44,54 \text{ m.}}$$

Manometrische Förderhöhe: 181,04 m.

Die Nutzleistung der Motoren unter Berücksichtigung eines Zuschlages von 30% für Kraftverlust ist:

$$1,3 \cdot 20 \cdot 181,04 = 4707,04 \text{ mkg}$$
$$= 62,8 \text{ PS oder pro Motor } 31,4 \text{ PS.}$$

3. Für die dritte Zone.

Förderung in den Hauptbehälter III mit einem Motor und einer halben Pumpe.

Der Höhenunterschied beträgt:

$$286,60 - 83,00 = \ldots \ldots \ldots \ldots \quad 203,60 \text{ m.}$$

Der Druckverlust im nördlichen Druckrohrstrang . . . . 27,75 m.

Manometrische Förderhöhe: 231,35 m.

Die Nutzleistung des Motors unter Berücksichtigung eines Zuschlages von 30% für Kraftverlust ist:

$$1,3 \cdot 10 \cdot 231,35 = 3007,55 \text{ mkg}$$
$$= 40,1 \text{ PS.}$$

In den Einzelheiten der obigen Berechnung hat sich insofern bei der Bauausführung eine Änderung ergeben, als der Hauptbehälter I der ersten Druckzone von Kote 154,60, nach Kote 170 und der Hauptbehälter III der dritten Druckzone von Kote 286,60 auf Kote 293,20 verlegt wurden. Mit Rücksicht auf diese Veränderung und die geplante Beleuchtungsanlage sowie die später ev. nötige Enteisenungsanlage wurden zwei 50 PS-Motoren gewählt. Da ferner der Anschluß der Gemeinde Herrnsheim vorerst außer Betracht bleibt, wurde die unterste Strecke des Hauptdruckrohrstranges nicht wie anfänglich geplant in 300 mm, sondern nur in 275 mm, sowie der südliche Druckstrang statt in 250 bzw. 200 in 225 bzw. 175 mm weiten Rohren ausgeführt.

Entsprechend der Leistungsfähigkeit der Pumpen berechnet sich die durchschnittliche Dauer der zur Versorgung der einzelnen Druckzonen erforderlichen Betriebszeit wie folgt:

a) Bei dem jetzigen Maximalbedarf.
(Siehe oben unter Kapitel 2a.)

Zone   I 165 350 + 643 400 = 808 750 : 40 = 20 219 Sek. = 5 Std. 37 Min.

Zone II 274 570 + 187 640 = 462 210 : 20 = 23 110 „   = 6 „   25 „

Zone III 99 250   = 99 250 : 10 = 99 250 „   = 2 „   45 „

Zusammen: 14 Std. 47 Min.

b) Bei dem Maximalbedarf in 50 Jahren.

Zone   I 198 420 + 920 023 = 1 118 443 : 40 = 27 961 Sek. = 7 Std. 46 Min.

Zone II 350 799 + 220 853 = 571 652 : 20 = 28 583 „   = 7 „   56 „

Zone III 104 213   = 104 213 : 10 = 10 421 „   = 2 „   54 „

Zusammen: 18 Std. 36 Min.

Der mittlere Tagesbedarf ländlicher Gemeinden, in denen die Wasserabgabe vermittelst Messern erfolgt, stellt sich nach den in der Provinz Rheinhessen gemachten statistischen Erhebungen auf kaum die Hälfte des oben unter Kapitel 2a berechneten Maximalbedarfes.

Die oben ermittelte etwas lange Betriebszeit wird sich daher in der Praxis durchschnittlich entsprechend kürzer gestalten.

Das den obigen Berechnungen und Dispositionen entsprechende Pumpwerk wurde durch die Gasmotorenfabrik Deutz geliefert. Als Triebkraft wurden Sauggasmotoren verwendet. (Grundriß der Maschinenanlage Tafel VII.)

Die gesamte Anlage besteht aus:

a) der Sauggasanlage,
b) der Motorenanlage,
c) der Pumpenanlage,
d) der Hilfsmaschinenanlage mit Transmission.

a) Die Sauggasanlage besteht aus zwei Generatoren mit Kondensatoren, schmiedeeisernen Reinigern, Gasfiltern und Teerabscheidern. Die Anlage kann sowohl mit Anthrazit als auch mit Koks beschickt werden und ist für beide Brennstoffe reichlich groß dimensioniert, um das für die Belastung der Motoren erforderliche Gas zu produzieren.

Außer der normalen Skrubberreinigung, die im allgemeinen als genügend betrachtet werden kann, ist noch ein besonderer Reinigungsapparat, ein Deutzer Patent-Gasfilter, eingeschaltet, wodurch eine weitere und gründliche Ausscheidung aller teerigen Bestandteile und sonstigen Verunreinigungen bewirkt wird.

An der Generatorkonstruktion ist die Anordnung des Verdampfers besonders bemerkenswert, der nicht als ein daneben geschalteter, getrennter Röhrenverdampfer ausgebildet ist, sondern als eine, den oberen Abschluß des Generators bildende Gußeisenschale mit großer Wasseroberfläche und vor allen Dingen mit großer Widerstandsfähigkeit gegen Durchbrennen, Durchrosten und Springen.

Der Beschickungstrichter am Generator ist mit einem gut funktionierenden Doppelverschluß versehen, und das Volumen des Trichters ist so groß bemessen, daß bei Vollbelastung des Motors ein Auffüllen von Brennmaterial nur alle 3 bis 4 Stunden erforderlich ist. Die Sauggasanlage ist mit allen erforderlichen Armaturen, Sicherheitsvorrichtungen, Absperrschiebern, Rückschlagventilen, Vakuummessern, Probierhähnen usw. ausgerüstet.

In der Leitung von dem Gasfilter zum Motor sind auch noch zweckmäßig angeordnete Absperrschieber eingebaut, wodurch es ermöglicht wird, zwischen den Motoren und Generatoren einen wechselseitigen Betrieb durchzuführen.

Das Gas durchströmt auf seinem Weg zum Motor folgende Apparate: den Generator, den Staubsammler, den Skrubber, den Kondensator, den Gasfilter, den Gaskessel und den Teerabscheider.

Die Funktionen jedes einzelnen Apparates sind folgende:

Der Staubsammler hat den Zweck, mechanisch mitgerissene Staubteilchen, Kohlenteilchen, Asche usw. zurückzuhalten. Er ist mit einem Wasserverschluß versehen und so konstruiert, daß der sich ansammelnde und aus den zurückgehaltenen Verunreinigungen bestehende Schlamm während des Betriebes abgelassen werden kann.

Der Skrubber dient zur hauptsächlichsten Reinigung und zur Kühlung des Gases. Er besteht aus einem großen zylindrischen Behälter, der schichtweise mit Koks verschiedener Korngröße gefüllt ist und von oben durch eine Brause ganz gleichmäßig mit Wasser berieselt wird. Das Gas tritt von unten ein, durchströmt die ganze Koksschicht, wobei es vielfach mit Wasser in Berührung kommt, wodurch die teerigen Bestandteile abgesondert und durch die Abkühlung des Gases auch die noch unzersetzten Wasserdämpfe kondensiert werden. Von dem Skrubber kommt das Gas in den Kondensator, der den Zweck hat, das Gas vollständig von Feuchtigkeit zu befreien, damit es den Gasfiltern trocken zugeführt wird. Der Apparat beruht auf dem Prinzip der Stoßreiniger.

Die Gasfilter selbst werden mit einer entsprechenden Reinigungsmasse gefüllt und sind abweichend von der früher üblichen Konstruktion der Sägemehlreiniger so konstruiert, daß die Reinigungsmasse ganz allmählich erneuert werden kann, indem an dem unteren Teil des Filters die verbrauchte Masse abgezogen und oben frische Masse nachgefüllt wird. Die Konstruktion des Gasfilters ist eine derartige, daß die Reinigungsmasse sich ganz von selbst schichtenweise lagert und durch das leichte Nachfüllen der neuen Masse und Abziehen der verbrauchten Masse stets die Gewähr dafür gegeben ist, daß die jeweilige Lagerung aufgelockert wird und sich die bei den Sägemehlreinigern vielfach beobachteten Kanäle, durch die das Gas ungereinigt hindurchtritt, nicht bilden können.

Der Gaskessel soll die periodische Ansaugewirkung des Motors ausgleichen, damit alle vorgenannten Apparate durch einen Gasstrom mit gleichmäßiger Geschwindigkeit durchströmt werden.

Der Teerabscheider, der kurz vor dem Motor in die Rohrleitung eingeschaltet ist, beruht ebenso wie der Kondensator auf Stoßwirkung und hat den Zweck, noch weiter enthaltene Unreinigkeiten abzufangen.

b) Die Motorenanlage (Fig. 1 und 2) besteht aus 2 Stück 50 PS-Einzylinder-Viertaktmotoren, die mit Anthrazitsauggas bei 180 minutlichen Umdrehungen eine maximale Leistung von 55 eff. PS besitzen, und bei denen hauptsächlich das angewandte Regulierungsprinzip von Interesse ist. Der Regulator verstellt bei größerer oder kleinerer Belastung der Maschine einen Hebel, wodurch der Hub des Einlaßsteuerorganes verringert oder vergrößert wird. Dieses Einlaßsteuerorgan ist so beschaffen, daß nicht nur das Gasvolumen sondern auch gleichzeitig das Luftvolumen reguliert wird und das Verhältnis von Gas zur Luftmenge stets bei allen Belastungen konstant bleibt. Der Gasmotor erhält dadurch verschiedene Füllungsgrade, was zur Folge hat, daß bei geringerer Belastung des Motors die Kompression und die Verbrennungsspannung ebenfalls geringer wird und nur bei großer Belastung des Motors die volle Kompression- und Verbrennungsspannung eintritt. Diese Eigentümlichkeit kommt besonders dann zur Geltung, wenn die Motoren, wie in dem vorliegenden Fall, mit verschiedenen Belastungen zu arbeiten haben.

Das Schwungradgewicht des Motors ist so bemessen, daß ein Ungleichförmigkeitsgrad von ungefähr $1/_{60}$ erreicht wird. Hierdurch wird ein vollständig ruhiger Riementrieb erreicht, und die Riemen, die Transmission, die Kuppelungen sowie überhaupt alle bei der Kraftübertragung von den Motoren auf die Pumpen zur Verwendung kommenden Teile sind einer viel geringeren Abnutzung unterworfen, als dies bei Verwendung von Motorschwungrädern mit dem sonst üblichen Ungleichförmigkeitsgrad von $1/_{30}$ bis $1/_{40}$ der Fall sein würde. Mit Hilfe einer Zwischentransmission kann je nach Bedarf ein wechselseitiger und gleichzeitiger Betrieb zwischen Motoren und Pumpen stattfinden. In die Transmissionswelle von 90 mm Durchmesser ist eine Klauenkuppelung mit Schleifring und Ausrücker eingeschaltet, um jede Transmissionshälfte allein betreiben zu können. Zum bequemen Ein- und Ausrücken der Pumpen ist die Transmission mit 2 Reibungskuppelungen System Dohmen-Leblanc in Verbindung mit je einer Riemenscheibe von 1380 auf 350 mm, mit 4 Lünemannschen Leerlaufbüchsen mit Spindelausrückvorrichtung und mit 2 Hildebrandschen Zahnkuppelungen mit je einer Riemenscheibe von 1380 auf 435 mm versehen.

c) Die Pumpenanlage (Fig. 1). Mit Rücksicht auf die in Frage kommende abnormal große Druckhöhe wurde für den vorliegenden Fall eine besondere Pumpenkonstruktion verwendet, die ein Mittelding zwischen einer Wasserhaltungsmaschine und einer Wasserwerkspumpe darstellt. Von ersterer ist die Type der ganzen Pumpe, die Ventilkonstruktion und die Dimensionierung entnommen, und letztere ist für die Formgebung und äußere Ausstattung der Maschine vorbildlich gewesen.

Es sind 2 liegende Differentialzwillingsplungerpumpen, die bei 65 minutlichen Umdrehungen der Pumpenwelle je 20 bzw. 10 Sek.-l auf eine gesamte manometrische Förderhöhe von 108,30 bzw.

Fig. 1. Maschinenanlage.

Fig. 2. Sauggasmotor.

181,04 bzw. 231,35 m heben. Jede Pumpe besitzt ein Riemenscheibenschwungrad von 3400 auf 425 mm und Einrichtung zum leichten Abkuppeln einer Pumpenhälfte.

Die Ventilkonstruktion nach System Fernis hat sich bei Hochdruckpumpen in vielen Fällen ausgezeichnet bewährt. Sie hat ihr Charakteristikum in der Art der Abdichtung der Ventilsitze, die nicht durch metallische Auflage des Tragringes auf den konisch ausgedrehten Ventilsitz erfolgt, sondern einzig und allein durch einen stulpartig ausgebildeten Lederring, der von dem Tragring gestützt wird und sich an die schrägen Wände des Ventilsitzes durch den Wasserdruck anlegt. Die Konstruktion des Ventiltellers, der in diesem Falle aus drei Teilen besteht, ist derart, daß zwischen diesen drei Teilen keinerlei Verbindungsschrauben oder Nieten, die sich im Laufe der Zeit zu lockern pflegen, befinden. Der Tragring, die Lederstulpe und der obere Ring mit der Federbüchse sind einfach übereinander gelegt und durch die Ventilbelastungsfeder dauernd aneinander gepreßt. Zu der Wahl einer Differentialpumpe hat hauptsächlich die große Einfachheit dieser Pumpenart veranlaßt. Man hat bei derselben nur 2 Ventile, die der Abnutzung unterworfen sind und Bedienung oder Reparatur erfordern können. Der einfachen Saugwirkung der Differentialpumpe ist durch die Anordnung eines reichlich großen Saugwindkessels Rechnung getragen.

Mit Rücksicht auf den hohen Druck und auf vorkommende Überlastungen und Stöße ist ein Gabelrahmen mit einer gekröpften, dreifach gelagerten Welle vorgesehen und das Triebwerk äußerst kräftig und sicher dimensioniert. Damit auch mit einer Pumpenhälfte gearbeitet werden kann, wurden Zwillingsplungerpumpen gewählt, von denen jede Hälfte durch entsprechend angeordnete Schieber abgesperrt werden kann.

Im übrigen sind die Pumpen mit allen für eine bequeme Bedienung erforderlichen Armaturen ausgerüstet. Alles Tropfwasser der Stopfbüchsen, Schwitzwasser, Öl usw. ist gut abgefangen, so daß ein vollständig reinlicher Betrieb der Anlage durchgeführt werden kann. Die Schmierung der Pumpen erfolgt durch Präzisionstropföler, die nach Belieben eingestellt werden können. Die Saug- und Druckrohre der Pumpen vereinigen sich in einem Hauptsaug- und Druckwindkessel von 900 mm Durchmesser und 6 m Höhe und führen von dort aus in die Druckleitung resp. in den Sammelbrunnen. Die Druckrohre sind alle, dem erforderlichen Druck entsprechend, kräftig dimensioniert, und der Druckwindkessel ist so hoch gehalten, daß ein hinreichendes Luftvolumen auch bei den Druckschwankungen während der Förderung von einer auf die andere Druckstufe stets gehalten werden kann. Vor dem Maschinenhaus ist in die Druckleitung noch eine Rückschlagklappe eingebaut, damit eventuelle Rohrbrüche innerhalb des Maschinenraumes nicht eine Überschwemmung dieses Raumes zur Folge haben.

Der Windkessel selbst ist mit Wasserstandgläsern, Luftfüllvorrichtungen, Lufthähnen, Ablaßvorrichtungen, Manometer, Vakuummeter usw. versehen, damit alle Manipulationen, die zur Regelung und zur Beobachtung des Pumpenbetriebes erforderlich sind, vorgenommen werden können.

d) Die Hilfsmaschinenanlage besteht aus einem 2 PS-Motor, 1 Verbundkompressor, 1 Ventilator, Druckluftbehälter, Zwischenkühler, Ölabscheider, 2 Vakuumpumpen, und 1 Rückkühlanlage.

Der stehende 2 PS-Spiritusmotor dient in erster Linie zum Antrieb eines Verbundkompressors, der direkt an das Gehäuse dieses Motors angeschraubt ist und ebenfalls direkt von der Kurbelwelle des Motors ohne jede Zwischenübersetzung seinen Antrieb erhält. Es wurde für diesen Motor Spiritus als Betriebsmittel gewählt, da kleine Motoren mit Sauggas nicht betrieben werden können und Spiritus, dessen Aufbewahrung nicht an besondere gewerbepolizeiliche Vorschriften geknüpft ist, einen sehr geeigneten Brennstoff für derartige Hilfsmaschinen bildet. Der Kompressor ist als Verbundkompressor ausgebildet, um diese Maschine nicht nur zur Schaffung der Druckluft für das Anlassen der Motoren sondern auch zum Auffüllen der Druckhauben der Pumpen und des Hauptwindkessels mit Druckluft benutzen zu können. Es ist gerade bei Pumpwerken mit Gasmotorenantrieb sehr wesentlich, daß sämtliche Windhauben und Windkessel vor dem

2*

Ansetzen der Pumpe genügend mit Luft gefüllt sind, da sich der Motor nicht so weit in der Tourenzahl reduzieren läßt, wie dies bei der Dampfmaschine der Fall ist, und daß die Pumpe deshalb mit ungefähr der vollen Leistung zu arbeiten beginnt. Um die lange Wassersäule in Bewegung zu setzen, sind verhältnismäßig hohe Überdrücke erforderlich, die um so größer werden, je kleiner das vor Ingangsetzen der Pumpe aufgespeicherte Luftvolumen ist. Infolgedessen wurde Wert darauf gelegt, die Hilfsmaschinen so einzurichten, daß die Druckluftbehälter an den Pumpen stets vor dem Ingangsetzen genügend mit Luft gefüllt werden können. Außerdem ist der Kompressor auch so eingerichtet, daß er zum Absaugen der Heberleitung benutzt werden kann.

Als Nebenapparate des Kompressors kommen in Betracht:

Ein Zwischenkühler, um die Luft zwischen den einzelnen Druckstufen wieder auf die Anfangstemperatur zu bringen, und dadurch eine zu große Erwärmung derselben zu vermeiden.

Ein Luftentöler, der den Zweck hat, die komprimierte Luft von eventuell mitgerissenem Öl zu befreien, damit dasselbe nicht durch die Druckhauben und den Hauptwindkessel in das gepumpte Wasser gelangt.

Weiter ist noch ein besonderer Druckwindkessel vorhanden, der bei den Motoren aufgestellt ist und dazu dient, die für das Anlassen der Motoren erforderliche Druckluft aufzuspeichern. Es genügt hierfür in der Regel ein Druck von 10—12 Atm.

Zum Anblasen der Generatoren bei erstmaligem Ingangsetzen und vor jedesmaliger Inbetriebsetzung der Anlage nach einem Stillstand ist ein Ventilator angebracht, der ebenfalls durch den kleinen Motor vermittelst einer Hilfstransmission angetrieben werden kann.

Um während des Betriebes der Pumpen die Heberleitung dauernd entlüften zu können, sind, damit der Anlaßkompressor, der zum Absaugen dieser Leitung eingerichtet ist, nicht dauernd mitzulaufen braucht, auch an den Pumpen selbst kleine Vakuumpumpen angebracht, die konstant mitarbeiten und die sich absondernde Luft absaugen. Um bequem beobachten zu können, ob die Heberleitung vollständig entlüftet ist, oder ob sich ein Luftsack gebildet hat, ist in dem Maschinenraum ein besonderes Rohr aufgestellt, das mit einem Wasserstandsglas versehen ist und mit der Heberleitung direkt kommuniziert. Durch Beobachtung dieses Wasserstandes ist man jederzeit in der Lage, sich zu überzeugen, ob die Luft aus der Heberleitung vollständig abgesaugt ist. Um zu vermeiden, daß bei zu kräftigem Absaugen in die Vakuumpumpen Wasser eingesaugt wird, ist die Absaugeleitung innerhalb des Maschinengebäudes an der Wand hochgeführt, so daß der höchste Punkt dieser Leitung mehr als 10 m über dem höchsten Saugwasserspiegel liegt.

Ferner sei noch die Rückkühlanlage erwähnt (Fig. 3), die den Zweck hat, die bisher allgemein übliche Kühlung der Motorenzylinder durch Kühlwasser, das, aus der Druckleitung entnommen, nach erfolgter Kühlung abfließt, zu ersetzen. Diese letzte Art der Kühlung hat namentlich bei Hochdruckpumpwerken zweierlei Nachteile. Einmal ist eine unnötige Kraftverschwendung mit ihr verbunden, denn man reduziert den Druck des Kühlwassers, das im vorliegenden Falle eine Druckspannung von im Durchschnitt 18 Atm. besitzt, vor dem Eintritt in den Kühlmantel des Motorenzylinders wiederum ganz erheblich, da ein derartig hoher Druck für den Zylindermantel naturgemäß schädlich wäre. Zweitens besteht aber auch die Gefahr, daß bei kalkhaltigem Wasser (das Leitungswasser besitzt im vorliegenden Falle 23,4 deutsche Härtegrade) der Kühlraum sich nach und nach mit Kesselstein zusetzt, was für den Zylindermantel verhängnisvoll werden kann. Aus diesen Gründen empfahl es sich, von der gewöhnlichen Art der Kühlung abzusehen bzw. dieselbe nur ausnahmsweise zu benutzen und mit Rückkühlung zu arbeiten. Die Kühlschlange wurde nach einem neuen, von der Gasmotorenfabrik Deutz zum Patent angemeldeten Verfahren in den Sammelbrunnen gelegt. Für die Zirkulation des Kühlwassers sorgen zwei kleine Zentrifugalpumpen, die von der Haupttransmission angetrieben werden.

Der Umfang der durch diese Art der Kühlung erzielten Kraftersparnis, sowie die Höhe der Erwärmung des Brunnenwassers ergibt sich aus der nachstehenden Berechnung:

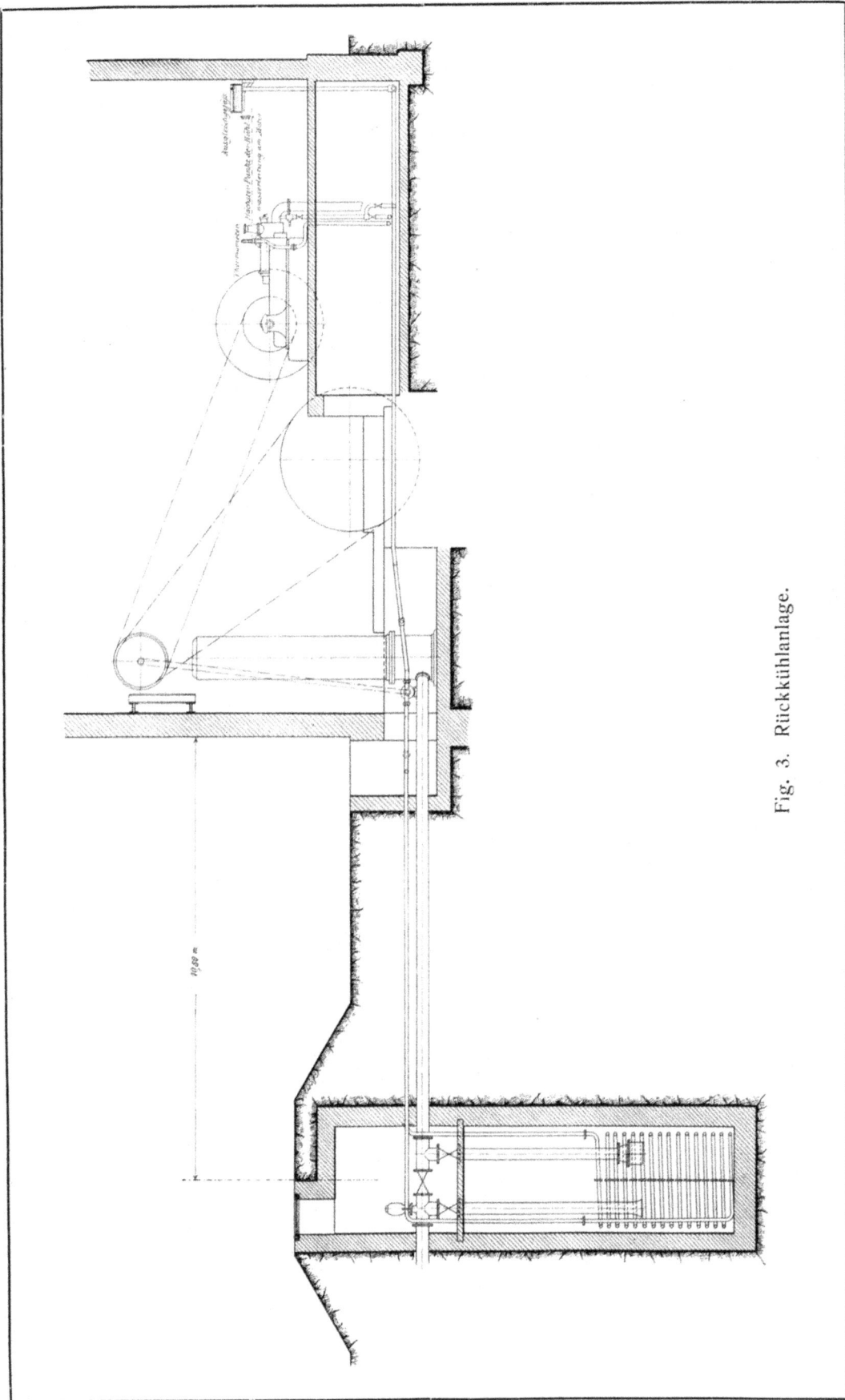

Fig. 3. Rückkühlanlage.

a) Für die 1. Zone. (Haupthochbehälter I und IV).

Das Pumpwerk fördert mit 2 Motoren und 2 Pumpen 40 Sek.-l Wasser in 5 Stunden
37 Minuten.

Die Nutzleistung der beiden Motoren ist	75,1 PS
Pro Stunde und PS braucht man 32 l Kühlwasser, also für 75,1 PS 32 · 75,1 = 2403,21,	
oder die sekundliche Kühlwassermenge beträgt	0,668 l
Die manometrische Förderhöhe der ersten Zone beträgt	108,32 m
Die Kraftersparnis der Rückkühlanlage ist demnach 108,32 · 0,668 =	
72,35776 mkg oder	0,964 PS
Die Pumpen fördern in die 1. Zone 40 Sek.-l. = 144 cbm pro Stunde.	
Erwärmung der Motoren pro PS und Stunde um 1000 Kalorien = . .	75 100 Kalorien
Letztere werden durch die Rückkühlanlage an das geförderte Wasser abgegeben, daher Erwärmung des geförderten Wassers um 75 100 : 144 000 = . .	0,52° C.

b) Für die 2. Zone. (Haupthochbehälter II und V).

Das Pumpwerk fördert mit 2 Motoren und 1 Pumpe 20 Sek.-l Wasser in 6 Stunden
25 Minuten.

Die Nutzleistung der Motoren beträgt	62,8 PS
Für 62,8 PS braucht man 62,8 · 32 = 2009,6 l Kühlwasser pro Stunde.	
Die sekundliche Kühlwassermenge beträgt	0,558 l
Die manometrische Förderhöhe der 2. Zone ist	181,04 m
Demnach Kraftersparnis durch die Rückkühlanlage: 181,04 · 0,558 =	
101,0203 mkg oder	1,346 PS
Die Pumpe fördert in die 2. Zone 20 Sek.-l oder pro Stunde 72 cbm.	
Erwärmung der Motoren = 62,8 · 1000 = ...	62 800 Kalorien
Erwärmung des geförderten Wassers = 62800 · 72000 = ...	0,872° C.

c) Für die 3. Zone. (Haupthochbehälter III).

Das Pumpwerk fördert mit einem Motor und einer Pumpe 10 Sek-l in 2 Stunden
45 Minuten.

Nutzleistung des Motors = ...	40,1 PS.
Kühlwasser für 40,1 PS = 40,1 · 32 = 1283,2 l oder die sekundliche Kühlwassermenge = ...	0,356 l
Manometrische Förderhöhe = ...	231,35 m
Kraftersparnis durch die Rückkühlanlage 231,35 · 0,356 = 82,3606 mkg oder	1,098 PS
Die Pumpe fördert in die 3. Zone 10 Sek.-l. oder 36 cbm pro Stunde.	
Erwärmung des Motors = 40,1 · 1000 = ...	40 100 Kalorien
Erwärmung des geförderten Wassers 40 100 : 36 000 = ...	1,114° C.

Statt in den Sammelbrunnen hätte die Kühlschlange auch in die Saug- oder Druckleitung, die man zu diesem Zwecke hätte an einer Stelle entsprechend erweitern müssen, oder in den Saug- bzw. Druckwindkessel gelegt werden können, doch erwies sich in vorliegendem Falle die Unterbringung im Sammelbrunnen als praktischer.

Ein Laufkran für Handbetrieb mit einer Tragkraft von 2000 kg bei 10 m Spannweite und 8 m Hubhöhe dient zur Revision und etwaigen Auswechslung der einzelnen Maschinenteile.

Der Brennstoffbedarf der Pumpwerkanlage wird sich nach den von der liefernden Firma gegebenen Garantien und unter Voraussetzung eines Heizmaterials von 8000 Kal. und höchstens 6 % Aschengehalt wie folgt stellen:

1. Bei Förderung von 40 Sek.-l auf 108,32 m mit 2 Maschinen leistet 1 kg Anthrazit 415 000 mkg, oder 1 cbm Wasser auf 108,32 gehoben, erfordert 0,262 kg Anthrazit.
2. Bei Förderung von 20 Sek.-l auf 181,04 m mit 2 Maschinen leistet 1 kg Anthrazit 390 000 mkg, oder 1 cbm Wasser auf 181,04 m gehoben, erfordert 0,464 kg Anthrazit.
3. Bei Förderung von 10 Sek.-l auf 231,35 m mit einer Maschine leistet 1 kg Anthrazit 430 000 mkg, oder 1 cbm Wasser auf 231,35 m gehoben, erfordert 0,538 kg Anthrazit.

Der Brennstoffverbrauch für Durchbrennen und Anheizen ist hierbei nicht berücksichtigt.

5. Beleuchtungsanlage.

Unter Benutzung der überschüssigen Kraft der beiden Sauggasmotoren wurde eine elektrische Beleuchtungsanlage für die Maschinenhalle, den Generatorraum und sämtliche Wohn- und Nebenräume eingerichtet. Zur Stromerzeugung dient eine Gleichstromnebenschluß-Dynamomaschine von ca. 2,75 KW Leistung bei 115/160 Volt Spannung, die ca. 1900 Umdrehungen pro Minute macht und ca. 4,8 PS Antriebskraft erfordert. Die Maschine, die praktisch funkenlos arbeitet und vorübergehende erhebliche Überlastung verträgt, ohne sich dabei unzulässig zu erwärmen, wird von der Haupttransmission durch eine Riemenscheibe von 1500 mm Durchmesser angetrieben.

Um bei Stillstand des Pumpwerkes eine Reserve zu haben, wurde auf dem mit einem wasserdicht asphaltierten Boden versehenen Raum über der Werkstatt eine Akkumulatorenbatterie von 60 in Glasgefäßen eingebauten Elementen angeordnet.

Die Batterie vermag 22 Glühlampen, à 16 NK, 10 Stunden lang mit Strom zu versorgen.

Als Schaltanlage dient ein Doppelzellenschalter, so daß auch in der Zeit während der die Batterie geladen wird, ein Lichtverbrauch stattfinden kann. Als Beleuchtungskörper dienen 2 Bogenlampen in der Maschinenhalle und ca. 25 Glühlampen in den verschiedenen anderen Räumen.

6. Wasserstandsfernmelder und Telephonanlage.

Damit das Maschinenpersonal stets über die Wasserstände in den Hauptbehältern der verschiedenen Druckzonen unterrichtet ist, sind diese mit dem Pumpwerk durch eine elektrische Wasserstandsfernmeldeanlage verbunden.

Die Kontaktapparate in den Behältern befinden sich in wasserdichten gußeisernen Gehäusen und signalisieren Schwankungen des Wasserstandes von 5 zu 5 cm. Für die Schwimmer nebst Gegengewichten sind besondere Pegelrohre von 40 cm Lichtweite in den Behälterkammern angeordnet. Die Wasserstandsanzeiger im Pumpwerk besitzen selbsttätige Registriervorrichtungen. Die 5 Haupthochbehälter sind untereinander sowie mit dem Pumpwerk und dem Bureau des Verbandsvorsitzenden durch private Fernsprecheinrichtungen verbunden. In den Vorkammern der Hauptbehälter sind statt gewöhnlicher Telephonstationen wasserdichte Grubenstationen angebracht worden, die infolge ihrer Konstruktion ein sicheres Funktionieren, selbst in direkt nassen Räumen gewährleisten.

Den Strom liefern ca. 120 Stück Leclanché-Elemente. Für die ca. 72 km lange Freileitung wurde Siliciumbronzedraht von 2 mm Stärke verwendet. Mit Rücksicht auf das im Orte Osthofen vorhandene Elektrizitätswerk hat man es vorgezogen, die Leitung vom Pumpwerk bis oberhalb Osthofen als Kabel zu verlegen.

7. Pumpwerkgebäude.
(Tafel VII und Fig. 4, 5 und 6.)

Die Fassaden des Pumpwerkgebäudes sind aus schwarzbraunen mattglänzenden Klinkern, sogenannten Eisenklinkern hergestellt und weiß ausgefugt. Den Hauptraum des Gebäudes bildet die 15 m lange, 10 m breite und im Mittel 8,50 m hohe Maschinenhalle, die mit einer eisernen Dachkonstruktion und Rabitzwölbung überdeckt ist. Der Maschinenraumboden liegt 1,80 m höher als der Pumpenraumboden. Beide sind durch eine massive Mitteltreppe verbunden. Alle Bodenflächen

Fig. 5. Pumpwerksgebäude, Vorderansicht.

Fig. 6. Pumpwerksgebäude, Seitenansicht.

sind mit hellblauen und die Wände auf 1,50 m Höhe mit bläulich weißen Mettlacher Platten bedeckt. An der Ostseite der Maschinenhalle liegt der Generatorraum und die Werkstätte nebst besonderem Ölaufbewahrungsraum, während sich im Westen die aus 3 Zimmern und Küche bestehende Wohnung des Maschinenmeisters und ein Verwaltungszimmer sowie im Kniestock darüber ein Zimmer für den Hilfsmaschinisten anschließt.

Der hoch gelegene Teil der Maschinenhalle und die Wohnräume sind unterkellert. In den Kellerräumen unter der Maschinenhalle sind die verschiedenen Kessel und Auspufftöpfe der Sauggasmotoren untergebracht.

Ein Nebengebäude enthält die Räume für den landwirtschaftlichen Betrieb des Maschinenmeisters sowie zur Aufbewahrung von Reserve- und Vorratsteilen. Sowohl Haupt- wie Nebengebäude sind mit grünglasierten Falzziegeln eingedeckt. An der Vorderfront und den beiden Seiten ist das gesamte Grundstück mit einer Blendsteinmauer eingefriedet. In der Achse der Maschinenhalle befindet sich in dieser Mauer eine Nische mit Laufbrunnen.

8. Druckleitung und Druckzonen.
(Tafel II und VI.)

Der Betriebsdruck in dem unteren Teil der Druckleitung steigt bis zu 23 Atmosphären, d. h. bis zu einer Druckhöhe, bei der normale gußeiserne Muffenrohre nicht mehr ohne Bruchgefahr verwendet werden können. Es entstand daher die Frage, ob man die Druckstränge aus verstärkten Gußröhren herstellen oder Mannesmannrohre verwenden soll. Man entschloß sich aus Ersparnisrücksichten für die letzteren. Die Probepressungen wurden für die unteren Strecken des Druckrohrstranges bis 30 Atmosphären auf 15 Minuten Dauer ausgedehnt. Die oberen Teile der Leitung wurden mit entsprechend geringerem Drucke geprüft. Um ein Zurücklaufen des Wassers von einer oberen in eine untere Druckzone zu verhindern, wurden an verschiedenen im Lageplan kenntlich gemachten Stellen Rückschlagsklappen eingebaut, die zum Zwecke der Spülung der Druckstränge mit Umgangsleitungen versehen sind.

In den Druckleitungen sind an 8 Stellen Entlüftungs- und an 14 Stellen Leerlaufeinrichtungen vorgesehen. Rückschlagklappen sind 8 vorhanden. Die Druckstränge kreuzen an 7 Punkten verschiedene Bahnlinien und an 3 Punkten Bachläufe und Überbrückungen. An allen Bahnkreuzungen wurde die Leitung durch kräftige Schutzrohre besonders gesichert.

9. Hochbehälter.

Jede der Druckzonen besitzt einen besonderen Haupthochbehälter, der die einzelnen Ortshochbehälter, die nicht direkt am Hauptdruckstrang liegen, speist (Tafel VIII, Fig. 7 und 8). Hierdurch war es möglich, die Ortshochbehälter möglichst nahe an die einzelnen Orte heranzurücken und kurze Fallleitungen von diesen nach den Orten zu erhalten. Jeder der Ortshochbehälter (Tafel IX, Fig. 9, 10, 11, 12 und 13) ist mit einem selbsttätig wirkenden Schwimmereinlaßventil versehen.

Die Einlaßventile der Haupthochbehälter und der größeren Ortshochbehälter Osthofen und Abenheim sind als Doppelventile (Fig. 14) ausgebildet.

In einen an zwei senkrechten Führungsstangen durch Rohrschellen auf den gewünschten Höchstwasserstand genau einstellbaren Kasten K taucht der das Haupteinlaßventil V_I öffnende und schließende Schwimmer S_I. Am Boden des Kastens K befindet sich das Auslaßventil V_{II}, das durch den Schwimmer S_{II} bedient wird, dessen Höhenstellung vom Wasserstand im Hochbehälter abhängig ist. Das Haupteinlaßventil V_I bleibt so lange voll geöffnet, bis sich der Hochbehälter bis zur Oberkante des Kastens K gefüllt hat, dann stürzt das Wasser über den Rand in den Kasten, hebt den Schwimmer S_I und schließt das Haupteinlaßventil. Die Pumpen können nun so lange mit voller Leistung in den nächsthöheren Hochbehälter fördern, bis durch den regelmäßigen Verbrauch der Wasserspiegel im Behälter wieder so weit gefallen ist, daß Schwimmer S_{II} sich senkt, Ventil V_{II} öffnet und den Kasten K entleert. Alsbald wird sich auch das Haupteinlaßventil wieder voll öffnen.

Durch diese Anordnung wird vermieden, daß bei der Förderung in die oberen Haupthochbehälter, durch teilweises Öffnen der Haupteinlaßventile der tiefer gelegenen Hauptbehälter, der Gang des Pumpwerkes ungünstig beeinflußt wird.

Die Hochbehälter sind aus Stampfbeton mit flachen Trägerdecken ausgeführt. Das Mischungs-verhältnis des Betons betrug für die Wände 1 Teil Zement, 3 Teile Rheinsand und 6 Teile Rheinkies, für die Sohle $1:4:8$ und für die Decken $1:2^1/_2:5$. Der Zugang zum Innern der Behälter erfolgt

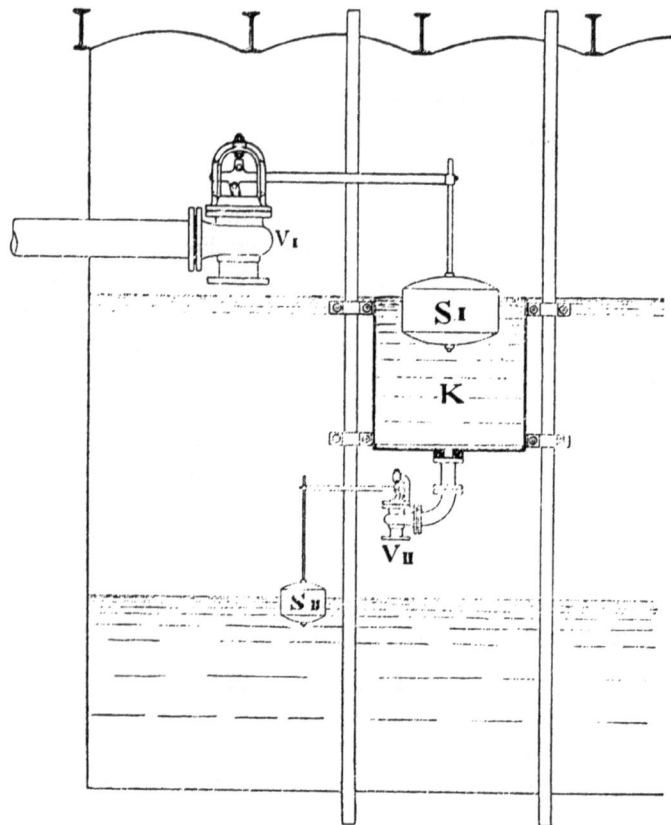

Figur 14.
Einlaßventil mit Doppelschwimmer für Haupthochbehälter.

durch Vorkammern, die in Flonheimer Sandstein ausgeführt sind, und in denen sich die Armaturen befinden.

An den Stellen, an denen sich die Schwimmereinlaßventile befinden, sowie bei größeren Behältern an den hinteren Ecken, sind Lichtschächte angeordnet, die mit 3 cm starken Rohglasplatten in Winkeleisenrahmen abgedeckt sind. Bei den Ortsbehältern befinden sich Hauptwassermesser, die zur Feststellung der den einzelnen Ortschaften zufließenden Wassermengen dienen. Alle Behälter sind mit einem Drahtzaun umgeben. Fassungsraum, Kammerzahl etc. der einzelnen Behälter sind aus der nachfolgenden Zusammenstellung ersichtlich:

Fig. 7. Haupthochbehälter V (Dalsheim).

(In gleicher Ausführung für die Haupthochbehälter I, III und IV bei Bechtheim, Blödesheim und Pfeddersheim.)

Lfde. Nr.	Gemeinde	Angabe der Inhalte etc.	Bemerkungen
		A. Nordseite des Wasserversorgungsgebietes.	
1	Mettenheim	**Einkammeriger Ortshochbehälter** m. 70 cbm nutzbarem Inhalt als Brandreserve für einen mehrstündigen Brand. (Der maximale Tageswasserbedarf von Mettenheim wird in dem Haupthochbehälter I bei Bechtheim aufgespeichert)	Dieser Behälter erhält ein Schwimmkugelauslaufventil, bleibt zu Zeiten gewöhnlicher Wasserentnahme immer gefüllt und ergänzt seinen Inhalt aus dem Haupthochbehälter I bei Bechtheim und zum Teil aus dem Druckrohr während der Pumpzeit
2	Bechtheim	**Haupthochbehälter I** (dreikammerig). Derselbe enthält dreiviertel des maximalen Tageswasserbedarfes von Mettenheim mit $3/4 \cdot 70 = 53$ cbm $3/4$ desgl. von Bechtheim mit $3/4 \cdot 130 = \ldots$ 97 „ Die Brandreserve von Bechtheim . . . . . 50 „ ———— Summe 200 cbm	Für Bechtheim und Mettenheim ist nur $3/4$ des Tageswasserbedarfes vorgesehen, weil der Haupthochbehälter I so ziemlich zu Anfang gefüllt wird und der größte Teil der Wasserentnahme noch während der Pumpzeit stattfindet
3	Westhofen	**Einkammeriger Ortshochbehälter** m. 70 cbm nutzbarem Inhalt als Brandreserve wie sub Nr. 1 Mettenheim. (Der maximale Tageswasserbedarf von Westhofen mit rund 167 cbm wird in dem Haupthochbehälter II bei Heßloch aufgespeichert)	Bemerkung wie sub Nr. 1. Inhaltergänzung aus dem Haupthochbehälter II bei Heßloch und zum Teil direkt aus dem Druckrohr während der Pumpzeit
4	Frettenheim	**Ortshochbehälter** (einkammerig) mit 50 cm nutzbarem Inhalt als Brandreserve wie sub Nr. 1. (Der maximale Tageswasserbedarf von Frettenheim mit rund 18 cbm wird in dem Haupthochbehälter II bei Heßloch aufgespeichert)	Mit Rücksicht darauf, daß der Ort klein ist, wurde die Brandreserve hier zu nur 50 cbm genommen. Sonst Bemerkung wie sub Nr. 1. Inhaltergänzung aus dem Haupthochbehälter II bei Heßloch
5 6	Hessloch und Dittelsheim	**Haupthochbehälter II bei Heßloch** (dreikammerig.) Derselbe enthält: Den maximalen Tageswasserbedarf von Westhofen mit = . . 167 cbm desgl. von Frettenheim = 18 „ „ „ Heßloch = 84 „ „ „ Dittelsheim = 81 „ Die Brandreserve von Heßloch = ... 50 „ desgl. von Dittelsheim . 50 „ ———— Summe 450 cbm	Für die Orte der II. Zone ist die Aufspeicherung des ganzen Tageswasserbedarfes vorgesehen
7	Monzernheim	**Einkammeriger Ortshochbehälter** m. 70 cbm nutzbarem Inhalt als Brandreserve wie sub Nr. 1. (Der $1^{1}/_{2}$ maximale Tageswasserbedarf von Monzernheim mit rund $1^{1}/_{2} \cdot 57 = 85$ cbm wird in dem Haupthochbehälter III bei Blödesheim aufgespeichert)	Bemerkung wie sub Nr. 1. Inhaltergänzung aus dem Haupthochbehälter III bei Blödesheim und zum Teil aus dem Druckrohr während der Pumpzeit

Lfde. Nr.	Gemeinde	Angabe der Inhalte etc.	Bemerkungen
8	Blödesheim	**Haupthochbehälter III bei Blödesheim** (d r e i k a m m e r i g). Derselbe enthält: Den $1^1/_2$ maximalen Tageswasserbedarf von Monzernheim mit . . . . . 85 cbm den $1^1/_2$ desgl. von Blödesheim mit $1^1/_2 \cdot 47 =$ . . . 70 „ die Brandreserve von Blödesheim mit . . . . . 50 „ Summe 205 cbm oder rund 200 cbm	Für die Orte der III. Zone ist die Aufspeicherung des $1^1/_2$ fachen maximalen Tageswasserbedarfes vorgesehen, weil diese Orte am weitesten vom Pumpwerk abliegen, das Wasser zuletzt erhalten und eine Betriebsstörung sich hier am ersten fühlbar machen würde

B. Südseite des Wasserversorgungsgebietes.

Lfde. Nr.	Gemeinde	Angabe der Inhalte etc.	Bemerkungen
9	Osthofen	**Ortshochbehälter Osthofen** (d r e i k a m m e r i g). Derselbe enthält $^3/_4$ des maximalen Tagesbedarfes $^3/_4 \cdot 321 =$ . . . . . . 241 cbm die Brandreserve $=$ . . 50 „ Summe 291 cbm rund 300 cbm	Dieser Behälter füllt seinen Inhalt direkt aus dem Druckrohr während des Pumpens. Derselbe enthält außer der Brandreserve nur $^3/_4$ des maximalen Tageswasserbedarfes aus dem Grunde wie sub Nr. 2 angegeben
10	Abenheim	**Zweikammeriger Ortshochbehälter.** Derselbe enthält $^3/_4$ des maximalen Tageswasserbedarfes $^3/_4 \cdot 144 =$ . . . . . . 108 cbm die Brandreserve $=$ . . 50 „ Summe 158 cbm rund 160 cbm	Dieser Behälter füllt seinen Inhalt ebenfalls direkt aus dem Druckrohr während des Pumpens. Sonst Bemerkung über den Inhalt wie vor
11	Pfeddersheim	**Zweikammeriger Ortshochbehälter.** Derselbe enthält $^1/_4$ des maximalen Tageswasserbedarfes $^1/_4 \cdot 243$ sind rund . . 60 cbm die Brandreserve $=$ . . 50 „ Summe 110 cbm	Abweichend von den übrigen Ortshochbehältern enthält dieser außer der Brandreserve von 50 cbm noch $^1/_4$ des Tagesbedarfes, weil die Ergänzung aus dem Haupthochbehälter IV infolge des etwas geringen Gefälles der Zuleitung etwas langsamer vor sich geht
12	Herrnsheim	**Zweikammeriger Ortshochbehälter.** Derselbe enthält $^1/_4$ des maximalen Tageswasserbedarfes $^1/_4 \cdot 211 =$ rund . . . . 53 cbm die Brandreserve . . . . 50 cbm Summe 103 cbm rund 110 cbm	Bemerkung wie vor. (Behälter vorerst nicht ausgeführt)

Fig. 8. Haupthochbehälter III (Hessloch).

Fig. 9. Ortshochbehälter Osthofen.

Lfde. Nr.	Gemeinde	Angabe der Inhalte etc.	Bemerkungen
12a		**Haupthochbehälter IV bei Pfeddersheim** (zweikammerig). Derselbe enthält $3/4$ des maximalen Tageswasserbedarfes von Pfeddersheim $3/4 \cdot 243 =$ rund . . . . 183 cbm desgl. $3/4$ von Herrnsheim $3/4 \cdot 211 =$ rund . . . . 158 „ und für einen eventuellen Anschluß von Mörstadt den maximalen Tageswasserbedarf mit . . . . . . 53 „ ------- Summe 394 cbm rund 400 cbm	Das fehlende $1/4$ des maximalen Tageswasserbedarfes für Pfeddersheim und Herrnsheim enthalten die jeweiligen Ortshochbehälter. (Vergleiche laufende Nr. 11 und 12.) Infolge Fortfalls der Gemeinde Herrnsheim wurde dieser Behälter nur mit 240 cbm Fassungsraum ausgeführt
13	Gundheim	**Einkammeriger Ortshochbehälter** m. 70 cbm nutzbarem Inhalt als Brandreserve wie sub Nr. 1 Mettenheim. (Der maximale Tageswasserbedarf von Gundheim mit 55 cbm wird in dem Haupthochbehälter V bei Dalsheim aufgespeichert)	Bemerkung wie sub Nr. 1. Inhaltsergänzung aus dem Haupthochbehälter V und zum Teil direkt aus dem Druckrohr während des Pumpens
14	Bermersheim	**Einkammeriger Ortshochbehälter**	Wie vor
15 16	Dalsheim und Nieder-Flörsheim	**Haupthochbehälter V bei Dalsheim** (dreikammerig). Derselbe enthält den maximalen Tageswasserbedarf von Gundheim mit rund . . 55 cbm desgl. von Bermersheim rd. 30 „ „ „ Dalsheim „ 68 „ „ „ Niederflörsheim 68 „ die Brandreserve v. Dalsheim mit rund . . . . 50 „ desgl. von Niederflörsheim mit rund . . . . . . 50 „ ------- Summe 321 cbm rund 320 cbm	Bemerkung wie sub Nr. 4, 5 und 6 Wegen des später angemeldeten Anschlußes der Bahnhöfe von Monsheim und Gundheim mit einem Tagesbedarf von 130 cbm wurde dieser Behälter mit 450 cbm Inhalt ausgeführt

Die Höhen, in denen die kleinen Schwimmer der selbsttätigen Haupteinlaßventile mit Doppel-schwimmervorrichtungen und somit auch die Tauchrohre in den Mittelwänden der Haupthochbehälter I (Bechtheim), II (Heßloch), IV (Pfeddersheim), V (Dalsheim) und in den Ortshochbehältern Osthofen und Abenheim einzubauen waren, berechnen sich wie folgt:

Der derzeitige maximale Tageswasserbedarf beträgt:

für die Gemeinden der ersten Zone	808,750 cbm
für Herrnsheim, das vorläufig nicht anschließt, sind abzuziehen	140,980 „
bleiben	667,770 cbm

für die Gemeinden der zweiten Zone zu 462,210 + 100 cbm für die Bahn-höfe Monsheim und Gundheim	562,210 cbm
für die Gemeinden der dritten Zone zu	99,250 „
zusammen	1329,230 cbm

Das Pumpwerk ist so disponiert, daß nach

der ersten Zone	40 Sek.-l
„ zweiten „	20 „
„ dritten „	10 „

gepumpt werden können.

Es ergibt sich hieraus eine Pumpzeit:

für die erste Zone von	4 Std. 38 Min.
„ „ zweite „ „	7 „ 48 „
„ „ dritte „ „	2 „ 45 „
zusammen:	15 Std. 11 Min.

Der mittlere Tageswasserverbrauch wird sich kaum auf die Hälfte des oben angenommenen Maximaltageswasserbedarfs stellen, und es reduzieren sich die Pumpzeiten:

für die erste Zone auf	2 Std. 19 Min.
„ „ zweite „ „	3 „ 54 „
„ „ dritte „ „	1 „ 23 „
zusammen:	7 Std. 36 Min.

Obiger Tageswasserverbrauch und obige Pumpzeiten sollen der Berechnung zugrunde gelegt werden. Es wird angenommen, daß man morgens um 8 Uhr mit dem Pumpen beginnt und daß das Pumpen

für die erste Zone in die Zeit von . 8 Uhr   vorm. bis 10 Uhr 19 Min. vorm.
„ „ zweite „ „ „ „ „ .10 „ 19 Min. „   „ 2 „ 13 „ nachm.
„ „ dritte „ „ „ „ „ . 2 „ 13 „ nachm. „ 3 „ 39 „   „
fällt.

Die Wasserentnahme ist vor, während und nach den Pumpperioden verschieden, sie wird etwa betragen:

von Mitternacht bis 8 Uhr vorm.	20 %
„ 8 bis 10 Uhr 19 Min. vorm.	10 „
„ 10 Uhr 19 Min. vorm. bis 2 Uhr 13 Min. nachm.	40 „
„ 2 Uhr 13 Min. bis 3 Uhr 39 Min. nachm.	10 „
und „ 3 Uhr 39 Min. nachm. bis Mitternacht	20 „
zusammen:	100 %

Fig. 10. Ortshochbehälter Abenheim.
(In gleicher Ausführung für Pfeddersheim.)

Fig. 11. Ortshochbehälter Westhofen.
(In gleicher Ausführung für Mettenheim.)

1. D e r B e h ä l t e r O s t h o f e n liegt in der ersten Zone und füllt sich in der Zeit zwischen 8 und 10 Uhr 19 Min. vorm., und es soll der Doppelschwimmer so gestellt werden, daß er sich nicht vor 12 Uhr nachts öffnet.

Der Wasserspiegel im Behälter muß sich demnach vor Öffnen des Schwimmers um $^7/_{10}$ des mittleren Tageswasserverbrauches senken können.

Der mittlere Tageswasserverbrauch beträgt für Osthofen rund $\frac{230}{2} = 115$ cbm $= 115 \cdot ^7/_{10} =$ 80,50 cbm. Die drei Kammern haben eine Grundfläche von zusammen 125,7 qm $= \frac{80,50}{125,7} = 0,64$ m.

Der kleine Schwimmer der Doppelschwimmervorrichtung ist daher auf rund 0,70 m unter Wasserspiegel zu setzen und die Tauchrohre in den Mittelwänden auf rund 0,90 m unter Wasserspiegel durchzuführen.

Es verbleiben in der Brandkammer im allerungünstigsten Falle somit noch $10,1 \cdot 2,7 \cdot 1,5 = 40,90$ cbm, abgesehen von der noch vorhandenen Wassermenge in den zwei anderen Kammern. Im Falle eines Brandes und bei Inbetriebsetzen des Pumpwerkes erhält der Behälter Osthofen sofort in erster Linie Wasser.

2. D e r O r t s b e h ä l t e r A b e n h e i m liegt in der ersten Zone. Füllt sich in der Zeit von 8 bis 10 Uhr 19 Min. vorm. Der Doppelschwimmer soll sich nicht vor 12 Uhr nachts öffnen. Der Wasserspiegel soll sich um $^7/_{10}$ des mittleren Tageswasserverbrauches senken können. Der mittlere Tageswasserverbrauch beträgt $\frac{110,6}{2} = 55,3$ cbm $= 55,3 \cdot ^7/_{10} = 38,71$ cbm.

Die Grundfläche der zwei Kammern ist 74 qm $= \frac{38,71}{74} = 0,52$ m.

Demgemäß ist der kleine Schwimmer rund 0,60 m unter Wasserspiegel zu setzen und das Tauchrohr in der Mittelwand auf rund 0,80 m unter Wasserspiegel durchzuführen.

Als Brandreserve bleiben $4 \cdot 8 \cdot 1,2 = 44,8$ cbm.

3. D e r H a u p t h o c h b e h ä l t e r I (B e c h t h e i m) liegt in der ersten Zone und füllt sich in der Zeit von 8 bis 10 Uhr 19 Min. vorm.

Der Doppelschwimmer soll sich nicht vor 12 Uhr nachts öffnen.

Der Wasserspiegel soll sich um $^7/_{10}$ des mittleren Tageswasserbedarfes von Bechtheim und Mettenheim senken können.

Der mittlere Tageswasserbedarf beträgt $\frac{165,350}{2} = 82,675$ cbm $= 82,675 \cdot ^7/_{10} = 57,87$ cbm.

Die Grundfläche der drei Kammern ist $= 84$ qm $= \frac{57,87}{84} = 0,69$ m.

Der kleine Schwimmer ist rund 0,70 m unter Wasserspiegel zu setzen und das Tauchrohr rund 0,90 m unter Wasserspiegel durchzuführen.

Als Brandreserve bleiben $7,3 \cdot 3,8 \cdot 1,5 = 41,61$ cbm.

4. D e r H a u p t h o c h b e h ä l t e r IV (P f e d d e r s h e i m) liegt in der ersten Zone und füllt sich in der Zeit von 8 bis 10 Uhr 19 Min. vorm.

Die Doppelschwimmer sollen sich nicht vor 12 Uhr nachts öffnen.

Der Wasserspiegel soll sich um $^7/_{10}$ des mittleren Tageswasserbedarfes von Pfeddersheim und Mörstadt senken können.

Der mittlere Tageswasserbedarf beträgt $\frac{210,53}{2} = 105,265$ cbm $= 105,265 \cdot ^7/_{10} = 73,79$ cbm.

Die Grundfläche der zwei Kammern ist $= 102,05$ qm $= \frac{73,79}{102,04} = 0,72$ m.

Die kleinen Schwimmer sind rund 0,80 m unter Wasserspiegel zu setzen. Ein Tauchrohr wird nicht eingebaut.

5 Der Haupthochbehälter II (Heßloch) liegt in der zweiten Zone und füllt sich in der Zeit von 10 Uhr 19 Min. vorm. bis 2 Uhr 13 Min. nachm.

Der Doppelschwimmer soll sich nicht vor 12 Uhr nachts öffnen.

Der Wasserspiegel soll sich um $^3/_{10}$ des mittleren Tageswasserbedarfes von Westhofen, Heßloch, Dittelsheim und Frettenheim senken können.

Der mittlere Tageswasserbedarf dieser Gemeinden beträgt $\dfrac{274,57}{2} = 137,285$ cbm $=$ 137,285 $\cdot$ $^3/_{10} = 41,19$ cbm.

Die Grundfläche der drei Kammern ist $= 150.36$ qm $= \dfrac{41,19}{150,36} = 0,27$ m.

Der Doppelschwimmer soll auch vor 10 Uhr 19 Min. vorm. geöffnet sein, also nach einer Entnahme von $^6/_{10}$ des Wasserbedarfes von 137,285 $\cdot$ $^6/_{10} = 82,38$ cbm oder einer Absenkung von 0,54 m.

Der kleine Schwimmer ist rund 0,50 m unter Wasserspiegel zu setzen und die Tauchrohre in den Mittelwänden rund 0,80 m unter Wasserspiegel hinabzuführen.

Als Brandreserve bleiben 11,2 $\cdot$ 3,8 $\cdot$ 2,2 $= 93,63$ cbm.

6. Der Haupthochbehälter V (Dalsheim) liegt in der zweiten Zone. Füllt sich in der Zeit von 10 Uhr 19 Min. vorm. bis 2 Uhr 13 Min. nachm.

Der Doppelschwimmer soll sich nicht vor 12 Uhr Nachts öffnen.

Der Wasserspiegel soll sich um $^3/_{10}$ des mittleren Tageswasserbedarfes von Dalsheim, Niederflörsheim, Bermersheim und Gundheim sowie um die Hälfte des Bedarfes der Bahnhöfe Monsheim und Gundheim (130 cbm) senken können.

Der mittlere Tageswasserbedarf der genannten Gemeinden und Bahnhöfe beträgt:

$$\frac{187,64}{2} = 93,82 = 93,82 \cdot {}^3/_{10} = 28,15 \text{ cbm}$$

$$130 \cdot {}^1/_2 = \underline{65,00 \quad \text{„}}$$

$$\text{zusammen: } 93,15 \text{ cbm}$$

Die Grundfläche der drei Kammern ist $= 150,36$ qm $= \dfrac{93,15}{150,36} = 0,62$ m.

Der kleine Schwimmer ist rund 0,70 m unter Wasserspiegel zu setzen und die Tauchrohre in den Mittelwänden rund 0,90 m unter Wasserspiegel hinabzuführen.

Als Brandreserve bleiben 11,2 $\cdot$ 3,8 $\cdot$ 2,1 $= 89,38$ cbm.

10. Fallleitungen und Ortsleitungen.

Sowohl die Fallleitungen von den Behältern nach den Orten wie die Ortsleitungen sind aus normalen gußeisernen Röhren hergestellt und so bemessen, daß sie bei größeren Orten 12 bis 20 und bei kleineren 8 Sek.-l beizuführen imstande sind. Die Anschlußleitungen von den Ortsrohrsträngen nach den zu versorgenden Grundstücken bestehen durchgehends aus 40 mm weiten Gußrohren, die mittels besonderer Abgangsstücken (A-Stücken) von dem Hauptrohr in der Straße abzweigen. Derartige Abgangsstücke sind von vornherein bei allen Grundstücken eingebaut worden, gleichgültig, ob die Besitzer den Anschluß an die Wasserleitung anmeldeten oder nicht, um Anbohrungen des Hauptrohres, die sich namentlich bei kleineren Rohrdurchmessern nicht zweckmäßig erwiesen haben, zu vermeiden.

In allen Orten sind Absperrschieber, Entleerungsvorrichtungen und Hydranten in genügender Menge eingebaut worden. Die Abstände der einzelnen Hydranten voneinander betragen zwischen 60 und 80 m.

Fig. 12. Ortshochbehälter Monzernheim.
(In gleicher Ausführung für Bermersheim.)

Fig. 13. Ortshochbehälter Frettenheim.
(In gleicher Ausführung für Gundheim.)

In die Anschlußleitungen sind keine besonderen Absperrschieber eingebaut worden, man hat
sich vielmehr damit begnügt, in jedem Grundstück vor dem Wassermesser einen Absperrhahnen einzubauen, da die Absperrschieber in der Straße nicht nur ziemlich teuer, sondern auch fast zwecklos
sind und sich namentlich durch die zahlreichen kleinen Straßenkappen in der Straßenoberfläche
unangenehm bemerkbar machen.

In jede Anschlußleitung wurde ein Wassermesser eingebaut. Es fanden die Naßläufermesser
der Firma Bopp und Reuther, Mannheim-Waldhof, hierzu Verwendung.

Der Leitungsdruck beträgt in den einzelnen Orten zwischen 3 und 5 Atm. Die Druck-
verhältnisse in den Ortsleitungen sind aus dem Höhenplan (Tafel VI) ersichtlich.

Die Länge der Ortsrohrleitungen, die Anzahl der Schieber, Hydranten und Anschlußleitungen
ist aus der nachstehenden Zusammenstellung, die auch die Volks- und Viehzahlen nach den neuesten
Zählungen enthält, zu ersehen.

Lfde. Nr.	Name der Gemeinde	Einwohner- zahl	Pferde	Rinder	Schweine	Ziegen und Schafe	Länge der Ortsleitungen einschl. der Anschluß- leitungen	Anzahl der Schieber	Anzahl der Hydranten	Anzahl der Anschluß- leitungen
1	Abenheim	1 560	130	444	345	395	5 100	30	42	88
2	Bechtheim	1 456	120	502	445	350	8 270	42	50	220
3	Bermersheim	261	40	264	84	48	1 000	6	11	41
4	Blödesheim	469	58	311	157	134	2 270	9	17	97
5	Dalsheim	820	81	285	165	108	4 400	24	37	176
6	Dittelsheim	925	71	266	243	237	7 600	37	51	263
7	Frettenheim	179	26	106	98	48	1 550	7	7	47
8	Gundheim	669	47	202	130	148	3 800	22	23	124
9	Heßloch	949	75	285	230	194	5 200	22	38	160
10	Mettenheim	735	63	237	182	278	3 170	29	30	70
11	Monzernheim . . .	613	67	364	186	128	2 950	18	23	113
12	Niederflörsheim . .	760	75	241	195	156	5 000	20	31	119
13	Pfeddersheim . . .	2 817	127	289	310	385	12 600	91	81	374
14	Osthofen	3 922	169	475	690	512	18 100	99	114	505
15	Westhofen	1 760	116	458	330	227	7 250	58	50	136
	zusammen	17 895	1 265	4 729	3 790	3 348	88 260	514	605	2 533

Außer den obigen 88 260 m Ortsleitungen wurden noch 12 620 m Fallleitungen und 35 150 m
Druckleitungen verlegt, so daß sich die G e s a m t l ä n g e der Rohrleitungen auf rund 136 000 m beläuft.

11. Voranschlag und Rentabilitätsberechnung.

Die Baukosten für die Gruppenwasserversorgung waren wie folgt veranschlagt:

Lfde. Nr.	Gegenstand der Veranschlagung	Anzahl	Preis-einheit		Geldbetrag			
					im einzelnen		im ganzen	
			$\mathcal{M}$	$\mathcal{S}$	$\mathcal{M}$	$\mathcal{S}$	$\mathcal{M}$	$\mathcal{S}$
	Kostenanschlag.							
	Titel I. Wasserfassung.							
1	**Anlage von 5 Filterbrunnen** mittelst einer Röhrentour von $d = 1000$ mm auf 18 m Tiefe. Liefern und Einsetzen eines Filters aus verzinktem Schmiedeeisen von $d = 500$ mm und ca. 16 m Gesamtlänge, teils mit Schlitzlochung, teils vollwandig, Kiesmantel um die Filterrohre	5	1 500	00	7 500	00		
2	**Herstellen der Filterbrunneneinsteigschächte,** Lichtweite 1,20 m, Tiefe 2,80 m. a) Betonboden, 30 cm stark . . . . 21,60 $\mathcal{M}$ b) Backsteinmauerwerk . . . . . 106,80 $\mathcal{M}$ c) Wasserdichter Zementverputz . 39,73 $\mathcal{M}$ d) Ein Schachtdeckel mit verschließbarer Doppeltüre . . . . 80,00 $\mathcal{M}$ e) Einsteigleiter aus Schmiedeeisen, 2,75 m lang, 0,4 m breit . . . . . 22,00 $\mathcal{M}$ f) Planieren, Hinter- und Überfüllung einschl. Ansäen . . . . 6,00 $\mathcal{M}$ 276,13 $\mathcal{M}$	5	276	13	1 380	65		
3	**Saugbrunnen.** a) Mauerwerk, 8,30 lfd.m, 2,50 im Lichten mit 0,40 m starken Wandungen aus Ziegel- und Zementmörtel 1 : 3 auszuführen und zu versenken 1660,00 $\mathcal{M}$ b) Eiserner Brunnenrost . . . . 600,00 $\mathcal{M}$ c) Herstellen der Brunnensohle, des Podestes und der Brunnenabdeckung aus Beton . . . . 250,00 $\mathcal{M}$ d) Ein zweiteiliger Schachtdeckel wie Pos. 2 d . . . . 80,00 $\mathcal{M}$ e) Eine schmiedeiserne Einsteigleiter wie Pos. 2 e, 3 m lang . . . . . 24,00 $\mathcal{M}$ Sa. 2614,00 $\mathcal{M}$	1	2614	00	2 614	00		
	Sa. Titel I. Wasserfassung:						11 494	65
	Titel II. Pumpwerksgebäude.							
4	**Bau eines Pumpenhauses,** enthaltend einen Maschinenraum, je einen Raum für Sauggasanlage, Kohlen und Werkstätte, eine Wohnung für den Maschinisten und dessen Gehilfen, bestehend aus drei Zimmern und Küche im Erdgeschoß, einem Zimmer im Dachgeschoß und einem Keller; ferner im Erdgeschoß, getrennt von der Wohnung, ein Verwaltungszimmer, einschließlich aller Fundamente für die Maschinen und Pumpen.							
	zu übertragen:						11 494	65

Lfde. Nr.	Gegenstand der Veranschlagung	Anzahl	Preis- einheit		Geldbetrag			
					im einzelnen		im ganzen	
			ℳ	₰	ℳ	₰	ℳ	₰
	Übertrag:						11 494	65
	a) Erd- und Maurerarbeiten				24 640	00		
	b) Zimmerarbeiten				4 650	00		
	c) Dachdeckerarbeiten				2 620	00		
	d) Tüncher- und Anstreicharbeiten				3 270	00		
	e) Spenglerarbeiten				343	00		
	f) Schreinerarbeiten				1 420	00		
	g) Glaserarbeiten				1 105	00		
	h) Schlosserarbeiten				1 460	00		
	i) Verschiedenes				492	00		
	Nebengebäuden mit Ställen und sonstigen Vor-				40 000	00		
	ratsräumen				2 000	00		
	Sa. Titel II. Pumpwerksgebäude:						42 000	00
	Titel III. Maschinen- und Pumpwerks-							
	anlagen.							
5	Komplette **Sauggeneratorgasanlage** für zwei 40 PS-							
	Motoren				4 900	00		
	Zwei liegende 1 Zylinder-**Motoren** von je ca. 40 eff. PS							
	samt Zubehör, den Reserveteilen und Hilfswerk-							
	zeugen				21 610	00		
	Eine komplette **Druckluftanlaßvorrichtung** bestehend aus							
	einem zweipferdigen Spiritusmotor mit Kompressor,							
	Behälter und Rohren				2 280	00		
	Sämtliche **Gas-** und **Wasserleitungsröhren** zu den Motoren,							
	der Sauggasanlage etc.				1 125	00		
	Die **Transmission** mit allem Zubehör . . . . . . •				6 550	00		
	Zwei komplette liegende **Differential-Zwillingsplunger-**							
	pumpen von je 20 bzw. 10 l Leistungsfähigkeit mit							
	den nötigen Saug- und Druckwindkesseln . . .				23 500	00		
	Gemeinsamer **Saug- und Druckwindkessel** mit Wasser-							
	standsanzeiger, Druckmesser, Vakuummeter etc. .				5 480	00		
	Kompl. **Laufkranen** für Handbetrieb von 2000 kg Trag-							
	kraft mit Laufbahn und allem Zubehör				2 650	00		
	Schutzgeländer und **Riffelabdeckplatten** für die Kanäle							
	und Gruben der Motoren und Pumpen				1 100	00		
	Reserveteile zu den Motoren und Pumpen und Öl-							
	reinigungsapparat				645	00		
	Fracht und **Montage** einschl. Hilfsarbeiter, Hebezeuge							
	und Gerüste				6 060	00		
	Sa. Titel III. Maschinen- und Pumpwerksanlagen:						75 900	
	zu übertragen:						129 394	65

Lfde. Nr.	Gegenstand der Veranschlagung	Anzahl	Preis-einheit		Geldbetrag			
					im einzelnen		im ganzen	
			$\mathcal{M}$	$\mathcal{S}$	$\mathcal{M}$	$\mathcal{S}$	$\mathcal{M}$	$\mathcal{S}$
	Übertrag:						129 394	65
	Titel IV. Hochbehälter.							
6	**Einkammeriger Ortshochbehälter für Mettenheim** von 70 cbm Nutzinhalt aus Zementbeton mit Vorkammer zur Aufnahme der Schieber und sonstigen Armaturen, planmäßig herzustellen pro cbm Nutzraum 50 $\mathcal{M}$.	cbm 70	50	00	3 500	00		
7	Ein desgl. für **Westhofen**	70	50	00	3 500	00		
8	Ein desgl. für **Monzernheim**	70	50	00	3 500	00		
9	Ein desgl. für **Gundheim**	70	50	00	3 500	00		
10	Ein desgl. für **Bermersheim**	70	50	00	3 500	00		
11	Ein desgl. für **Frettenheim** von 50 cbm Inhalt . . .	50	55	00	2 750	00		
12	Ein **zweikammeriger Ortshochbehälter** für **Pfeddersheim** wie unter Nr. 6 von 110 cbm Nutzinhalt herzustellen .	110	50	00	5 500	00		
13	Ein desgl. für **Herrnsheim**	110	50	00	5 500	00		
14	Ein desgl. für **Abenheim** von 160 cbm Nutzinhalt . .	160	48	00	7 680	00		
15	Ein **dreikammeriger Ortshochbehälter** für **Osthofen** von 300 cbm Nutzinhalt wie unter Nr. 6 herzustellen .	300	40	00	12 000	00		
16	Herstellung des **dreikammerigen Haupthochbehälters I** bei **Bechtheim** von 200 cbm Nutzinhalt wie unter Nr. 6	200	45	00	9 000	00		
17	Desgl. des **dreikammerigen Haupthochbehälters III** bei **Blödesheim** von 200 cbm Nutzinhalt	200	45	00	9 000	00		
18	Desgl. des **dreikammerigen Haupthochbehälters II** bei **Heßloch** von 450 cbm Nutzinhalt	450	35	00	15 750	00		
19	Desgl. des **dreikammerigen Haupthochbehälters V** bei **Dalsheim** mit 320 cbm Nutzinhalt	320	40	00	12 800	00		
20	Desgl. des **zweikammerigen Haupthochbehälters IV** bei **Pfeddersheim** von 400 cbm Nutzinhalt	400	38	00	15 200	00		
	Sa. Titel IV. Hochbehälter:						112 680	00
	Titel V. Ausrüstung der Filterbrunnen, des Saugbrunnens und der Hochbehälter.							
21	**Filterbrunnen.** Für jeden Brunnen 12 lfd. m gußeiserne **Flanschenröhren** von d 150 mm zu liefern und einzubauen. 12 lfd. m à 8,00 $\mathcal{M}$ . . 96,00 $\mathcal{M}$ 1 **Flanschenkrümmer** von d 150 mm 90° 9,00 $\mathcal{M}$ 1 **Flanschenschieber** 150 mm mit Handrad und horizontalem Räderzeigewerk . . . . 50,00 $\mathcal{M}$ 1 **Fußventil** 150 mm mit Saugkorb . 40,00 $\mathcal{M}$ 5 Brunnen . . . . à 195,00 $\mathcal{M}$	Stück 5	195	00	975	00		
	zu übertragen:				975	00	242 074	65

Lfde. Nr.	Gegenstand der Veranschlagung	Anzahl	Preis-einheit		Geldbetrag			
					im einzelnen		im ganzen	
			ℳ	₰	ℳ	₰	ℳ	₰
	Übertrag:				975	00	242 074	65
22	**Saugbrunnen.**							
	9,50 lfd. m Flanschenrohre von $d = 300$ mm wie unter 21 pro lfdm. 20 ℳ . . . . 190,00 ℳ							
	1 T-Stück 300×300 mm . . . . . 42,00 ℳ							
	1 Doppel-T-Stück $140 \times 300 \times 300$ $\times 300$ mm . . . . 55,00 ℳ							
	1 Flanschenschieber von $d=300$ mm mit Handrad und horizontalem Räderzeigerwerk . . . . 160,00 ℳ							
	2 desgl. jedoch mit vertikalem Räderzeigerwerk . . . . 180,00 ℳ							
	1 Windkessel von etwa 25 l Inhalt und 140 mm Anschlußweite . . . . . 20,00 ℳ							
	2 E-Stücke 300 mm weit, 600 mm lang à 40,00 ℳ . . . . 80,00 ℳ	Stück 1	727	00	727	00		
	727,00 ℳ							
	Hochbehälter.							
23	**Ortshochbehälter Mettenheim.**							
	1 kupferner verzinnter Einlaufseiher mit Anschlußflansche von $d=125$ mm zu liefern und einzubauen . . . . 16,00 ℳ							
	Absperrschieber mit Handrad.							
	3 Stück von $d= 50$ mm à 15,00 ℳ = . 45,00 ℳ							
	1 „ „ „ $= 80$ „ „ 22,00 „ = . 22,00 ℳ							
	1 „ „ „ $=125$ „ „ 40,00 „ = . 40,00 ℳ							
	1 selbsttätiges Schwimmerauslaufventil von $d = 50$ mm mit Schwimmkugel . . . . 50,00 ℳ							
	1 Wassermesser von $d = 40$ mm (Naßläufer) mit Rundflanschen . . . . . 65,00 ℳ							
	Bearbeitete Fassonstücke wie Flanschenrohre, Krümmer, Kreuzstücke, T-Stücke							
	Überlaufmundstücke, Fußkrümmer etc. zusammen 396 kg à 25 ₰ . . . . . 99,00 ℳ							
	Gußeiserne Ventilationsrohre von $d = 150$ mm für 1,50 m Deckung 3 Stück à 35 ℳ . . 105,00 ℳ							
	Einsteigleitern aus Schmiedeisen wie Pos. 1 e 2 Stück à 4 m = 8 lfd. m à 8 ℳ 64,00 ℳ							
	Schutzgeländer der Schieberkammer 1 m hoch = 4 lfd. m à 4,50 ℳ . 18,00 ℳ							
	Eine Eingangstüre aus Eisenblech von 6 mm Stärke . . . . 100,00 ℳ							
	Zwei Innentüren aus 3 mm starkem Eisenblech à 40,00 ℳ . . . . . . 80,00 ℳ							
	Ein Fußabkratzer . . . . 4,00 ℳ							
	Sa. 708,00 ℳ				708	00		
	zu übertragen:				2 410	00	242 074	65

Lfde. Nr.	Gegenstand der Veranschlagung	Anzahl	Preis-einheit		Geldbetrag			
					im einzelnen		im ganzen	
			ℳ	₰	ℳ	₰	ℳ	₰
	Übertrag:				2 410	00	242 074	65
24	4 Stück solcher Ortshochbehälterausrüstungen, und zwar für Monzernheim, Gundheim, Bermersheim und Frettenheim	Stück 4	708	00	2 832	00		
25	**Ortshochbehälter Westhofen.**							
	1 kupferner verzinnter Einlaufseiher mit Anschlußflansche von $d = 150$ mm zu liefern und einzubauen . . . . 20,00 ℳ							
	Absperrschieber mit Handrad.							
	3 Stück von $d = 50$ mm à 15 ℳ . . . 45,00 ℳ							
	1 „ „ „ = 80 „ „ 22 „ . . 22,00 ℳ							
	1 „ „ „ = 150 „ „ 50 „ . . 50,00 ℳ							
	1 selbsttätiges Schwimmerauslaufventil von $d = 50$ mm mit Schwimmkugel . . . . 50,00 ℳ							
	1 Wassermesser von $d = 40$ mm (Naßläufer) mit Rundflanschen . . . 65,00 ℳ							
	Bearbeitete Formstücke 433 kg à 0,25 ℳ . . . . 108,25 ℳ							
	Gußeiserne Ventilationsrohre von $d = 150$ mm 3 Stück à 35 ℳ . . . 105,00 ℳ							
	Einsteigleitern aus Schmiedeeisen wie Pos. 1e 2 Stück à 4 m = 8 lfd. m zu 8,00 ℳ 64,00 ℳ							
	Schutzgeländer wie sub 23 . . . 18,00 ℳ							
	Eingangstüre wie sub 23 . . . . 100,00 ℳ							
	2 Innentüren wie sub 23 . . . . 80,00 ℳ							
	Ein Fußabkratzer wie sub 23 . . . 4,00 ℳ							
	Ein einfaches Sicherheitsventil mit Ablaßstutzen und 2 Belastungsgewichten für je 1 Atmosphäre . . . . 30,00 ℳ							
	Sa. 761,25 ℳ	1	761	25	761	25		
26	**Ortshochbehälter Abenheim.**							
	2 Einlaufseiher mit $d = 175$ mm zu 24 ℳ 48,00 ℳ							
	2 Absperrschieber mit Handrad von $d = 175$ mm zu 60,00 ℳ . . . 120,00 ℳ							
	3 desgl. von 100 mm zu 30,00 ℳ . . 90,00 ℳ							
	1 Schwimmerventil von $d = 100$ mm 120,00 ℳ							
	1 kombinierter Wassermesser 100 mm und 25 mm . . . . 250,00 ℳ							
	Bearbeitete Fassonstücke 908 kg à 0,25 ℳ . . . . 227,00 ℳ							
	3 Ventilationsrohre à 35 ℳ . . . 105,00 ℳ							
	Einsteigleitern 11,5 lfd. m à 8,00 ℳ 92,00 ℳ							
	Schutzgeländer 4,4 m à 4,5 ℳ . . . 19,80 ℳ							
	Eingangstüre mit Drahtglas verglast 120,00 ℳ							
	2 Innentüren à 40 ℳ . . . . . . 80,00 ℳ							
	1 Fußabkratzer . . . . 4,00 ℳ							
	Summe 1275,80 ℳ				1 275	80		
	zu übertragen:				7 279	05	242 074	65

Lfde. Nr.	Gegenstand der Veranschlagung	Anzahl	Preis-einheit		Geldbetrag			
					im einzelnen		im ganzen	
			$\mathcal{M}$	$\mathcal{S}$	$\mathcal{M}$	$\mathcal{S}$	$\mathcal{M}$	$\mathcal{S}$
	Übertrag:				7 279	05	242 074	65
27	Desgl. **Armaturen für den Ortshochbehälter von Pfeddersheim**				1 275	80		
28	**Ortshochbehälter Herrnsheim.**							
	2 Einlaufseiher von $d = 150$ mm zu 20 $\mathcal{M}$ . . . . 40,00 $\mathcal{M}$							
	2 Schieber von $d = 150$ mm à 50 $\mathcal{M}$ 100,00 $\mathcal{M}$							
	2 „ „ $d = 100$ „ „ 30 „ 60,00 $\mathcal{M}$							
	1 „ „ $d = 80$ „ „ 22 „ 22,00 $\mathcal{M}$							
	1 Schwimmerventil von $d = 80$ mm 80,00 $\mathcal{M}$							
	1 kombinierter Wassermesser 80 mm und 20 mm. . . . . 200,00 $\mathcal{M}$							
	Bearbeitete Fassonstücke 645 kg à 0,25 $\mathcal{M}$ . . . . 161,25 $\mathcal{M}$							
	3 Ventilationsrohre à 35 $\mathcal{M}$ . . . 105,00 $\mathcal{M}$							
	Einsteigleitern 11,5 lfd. m à 8 $\mathcal{M}$. 92,00 $\mathcal{M}$							
	Schutzgeländer 4,4 lfd. m à 4,5 $\mathcal{M}$ 19,80 $\mathcal{M}$							
	Eingangstüre mit Drahtglas verglast 120,00 $\mathcal{M}$							
	2 Innentüren à 40 $\mathcal{M}$ . . . . . . 80,00 $\mathcal{M}$							
	1 Fußabkratzer. . . . . 4,00 $\mathcal{M}$							
	Summe 1084,05 $\mathcal{M}$				1 084	05		
29	**Ortshochbehälter Osthofen.**							
	3 Einlaufseiher von $d = 200$ mm à 28 $\mathcal{M}$ . . . . 84,00 $\mathcal{M}$							
	3 Schieber von $d = 200$ mm à 75 $\mathcal{M}$ 225,00 $\mathcal{M}$							
	1 „ „ $d = 50$ „ à 15 $\mathcal{M}$ 15,00 $\mathcal{M}$							
	4 Schieber von $d = 100$ „ à 30 $\mathcal{M}$ 120,00 $\mathcal{M}$							
	1 Schwimmerventil von $d = 100$ mm 120,00 $\mathcal{M}$							
	1 kombinierter Wassermesser 100 mm und 25 mm. . . . . 250,00 $\mathcal{M}$							
	Rückschlagsklappe von $d = 50$ mm 12,00 $\mathcal{M}$							
	Bearbeitete Fassonstücke 1443 kg à 0,25 $\mathcal{M}$ . . . . 360,75 $\mathcal{M}$							
	6 Stück Ventilationsrohre à 35 $\mathcal{M}$ 210,00 $\mathcal{M}$							
	Einsteigleitern 15,8 lfd. m à 8 $\mathcal{M}$ 126,40 $\mathcal{M}$							
	Schutzgeländer 5 lfd. m à 4,5 $\mathcal{M}$. 22,50 $\mathcal{M}$							
	Eingangstüre . . . . 100,00 $\mathcal{M}$							
	3 Innentüren à 40 $\mathcal{M}$ . . . . . 120,00 $\mathcal{M}$							
	1 Fußabkratzer . . . . 4,00 $\mathcal{M}$							
	Summe 1769,65 $\mathcal{M}$				1 769	65		
30	**Haupthochbehälter I bei Bechtheim.**							
	3 Einlaufseiher von $d = 175$ mm à 24 $\mathcal{M}$ . . . . 72,00 $\mathcal{M}$							
	2 desgl. von $d = 150$ mm à 20 $\mathcal{M}$ . . . 40,00 $\mathcal{M}$							
	Übertrag 112,00 $\mathcal{M}$				112	00		
	zu übertragen:				11 520	55	242 074	65

Lfde. Nr.	Gegenstand der Veranschlagung	Anzahl	Preis-einheit		Geldbetrag im einzelnen		im ganzen	
			ℳ	₰	ℳ	₰	ℳ	₰
	Übertrag:				11 408	55	242 074	65
	3 Stück Schieber von $d = 175$ mm à 60 ℳ . . . . 180,00 ℳ							
	3 Stück Schieber $d = 150$ mm à 50 ℳ 150,00 ℳ							
	3 „ „ $d = 125$ „ „ 40 ℳ 120,00 ℳ							
	2 Rückschlagklappen von $d = 150$ mm à 40 ℳ . . . . 80,00 ℳ							
	1 Schwimmerventil von $d = 150$ mm 200,00 ℳ							
	1 normalwandiges gußeisernes Pegelrohr für den elektrischen Wasserstandsanzeiger von 400 mm Lichtweite und 4 m Länge mit Boden, einem Gewindezapfen 20 mm und Entleerungshahn zu liefern und einzubauen.							
	1 Stück 150,00 ℳ							
	3 Ventildurchgangshähne von 40 mm l. W. in Rotguß, süddeutsches Modell, mit Handrad zu liefern und einzubauen 2×15 ℳ . . . . . 30,00 ℳ							
	Die Verbindungsleitungen aus $1^1/_2$″ galv. Schmiedeeisenrohre, 3,4 lfd. m à 4 ℳ . . . . 13,60 ℳ							
	Bearbeitete Fassonstücke 2124 kg à 0,25 ℳ . . . . 531,00 ℳ							
	6 Stück Ventilationsrohre à 35 ℳ 210,00 ℳ							
	Einsteigleitern 15,6 lfd. m à 8,00 ℳ 124,80 ℳ							
	Schutzgeländer 7,8 lfd. m à 4,50 ℳ 35,10 ℳ							
	Eingangstüre . . . . 100,00 ℳ							
	3 Innentüren à 40 ℳ . . . . . 120,00 ℳ							
	1 Fußabkratzer . . . . 4,00 ℳ							
	Summe 2160,50 ℳ				2 160	50		
31	**Haupthochbehälter III bei Blödesheim.** Dieselbe Ausrüstung wie bei Haupthochbehälter I sub pos. 3 mit Ausnahme des Schwimmerventils, jedoch mit Sicherheitsrohr.				2 160	50		
32	**Haupthochbehälter II bei Heßloch.**							
	5 Stück Einlaufseiher von 150 mm à 20,00 ℳ . . . . 100,00 ℳ							
	6 Schieber von $d = 150$ mm à 50 ℳ 300,00 ℳ							
	3 „ „ $d = 125$ „ „ 40 ℳ 120,00 ℳ							
	1 „ „ $d = 50$ „ „ 15 ℳ 15,00 ℳ							
	Bearbeitete Fassonstücke 2067 kg à 0,25 ℳ . . . . 516,75 ℳ							
	sonst wie bei Haupthochbehälter I $80 + 200 + 150 + 30 + 13,60 + 210 + 124,80 + 35,10 + 100 + 120 + 4$ ℳ $=$. 1067,50 ℳ							
	Summe 2119,25 ℳ				2 119	25		
	zu übertragen:				17 848	80	242 074	65

Lfde. Nr.	Gegenstand der Veranschlagung	Anzahl	Preis-einheit		Geldbetrag			
					im einzelnen		im ganzen	
			ℳ	₰	ℳ	₰	ℳ	₰
	Übertrag:				17 848	80	242 074	65
33	**Haupthochbehälter V bei Dalsheim.** Bearbeitete Fassonstücke 113 kg weniger wie Haupthochbehälter II = 113 kg à 0,25 ℳ = 28,50 ℳ. Sonst wie bei Haupthochbehälter II mit Ausnahme des 50 mm Schiebers und der Pegelrohreinrichtung 2119,25 — (28,25 + 15,00 + 150 + 30 + 13,60) = 1882,40 ℳ.				1 882	40		
34	**Haupthochbehälter IV bei Pfeddersheim.** 2 Einlaufseiher von $d = 150$ mm à 20 ℳ . . . . 40,00 ℳ 4 Stück Schieber $d = 150$ mm à 50 ℳ 200,00 ℳ 4 desgl. von 125 mm à 40 ℳ . . . . 160,00 ℳ 2 Schwimmerventile von $d = 150$ mm à 200 ℳ . . . . 400,00 ℳ Bearbeitete Fassonstücke 1964 kg à 0,25 ℳ . . . . 491,00 ℳ 7 Stück Ventilationsrohre à 35 ℳ 245,00 ℳ Einsteigleitern 19,3 lfd. m à 8 ℳ . 154,40 ℳ Schutzgeländer 7,8 lfd. m à 4,5 ℳ . 35,10 ℳ Eingangstüre . . . . 100,00 ℳ 4 Innentüren à 40 ℳ . . . . . . 160,00 ℳ 1 Fußabkratzer . . . . 4,00 ℳ							
	Summe 1989,50				1 989	50		
	Sa. Titel V. Ausrüstung der Brunnen und Hochbehälter:						21 720	70
	Titel VI. Rohrleitungen und Zubehör. a) Rohrgräben.							
35	**Aufgraben** und **Wiederzufüllen** der Rohrgräben für **Doppelrohrleitung**, bei welcher die Druckleitungen, soweit sie durch Ortschaften führen, 1,80 m Deckung und die Fall- bzw. Ortsleitungen 1,50 m Deckung erhalten	lfde. m 8 598	1	40	12 037	20		
36	**Aufgraben** und **Wiederzufüllen** der Rohrgräben für **dreifache Rohrleitung** beim Haupthochbehälter II bei Heßloch sonst wie vor	260	2	00	520	00		
37	**Aufgraben** und **Wiederzufüllen** der Rohrgräben für . .	Saugleitung 1 220	0	90	1 098	00		
	Einzelrohrleitungen sonst wie vor	910 110 022	0 0	90 90	819 99 019	00 80		
38	Desgl. für die **Über-** und **Leerlaufleitungen**	2 035	0	70	1 424	50		
39	Zuschlag für **Mehrtiefen** über 1,80 m	cbm 4 000	1	00	4 000	00		
40	Zuschlag für das Lösen und Sprengen von **Felsen** oder Mauerwerk	500	3	00	1 500	00		
	zu übertragen:				120 418	50	263 795	35

Lfde. Nr.	Gegenstand der Veranschlagung	Anzahl	Preis-einheit		Geldbetrag im einzelnen		Geldbetrag im ganzen	
			ℳ	₰	ℳ	₰	ℳ	₰
	Übertrag:				120 418	50	263 795	35
41	Zuschlag für **Aufbrechen und Wiederherstellung** der **Chaussierung**, Einsetzung einer 20 cm starken Gestückslage und Deckung derselben mit Kleinschlag . .	lfde. m 48 334	0	25	12 083	50		
42	**Desgl.** für die Doppelleitungen	1 475	0	40	590	00		
43	Zuschlag für Aufbrechen und Wiederherstellung des **Pflasters** einschl. Lieferung des Sandes und des etwa fehlenden Steinmaterials	lfde. m 18 986	1	00	18 986	00		
44	**Desgl.** für die Doppelleitungen	1 260	1	50	1 890	00		
45	Durchbrechen und sorgfältiges Wiederzumauern von **Gebäudemauern** bei den Anschlußleitungen	lfde. m 1 500	3	50	5 250	00		
46	Herstellung der **Schächte** für die Wassermesser in den Fallleitungen und die Rückschlagsklappen mit Umgängen in den Druckleitungen	Stück 13	200	00	2 600	00		
	b) Rohrleitungen.							
47	Liefern und Verlegen von **Mannesmannstahlmuffenröhren** innen und außen heiß asphaltiert und mit asphaltierten Jutestreifen umwickelt. Prüfung der Leitungen in der ersten Zone auf 30 und in der zweiten Zone auf 20 Atm. Wasserdruck, mit Beigabe aller Dichtungsmaterialien und Formstücke wie B, C, E, F, T, U und R-Stücke, Krümmer, Blindflanschen usw., und zwar von der Pumpstation bis zur Mainzerstraße in Osthofen $d = 300$ mm l. W.	lfde. m 1 487	16	00	23 792	00		
	von hier bis Abenheim $d = 250$ mm l. W.	4 539	11	00	49 929	00		
	von hier bis Haupthochbehälter IV bei Pfeddersheim $d = 200$ mm l. W.	2 969	8	50	25 236	50		
	von Abenheim nach Haupthochbehälter V $d = 150$ mm	6 459						
	von Straßenkreuzung Westhofen—Monzernheim bis Haupthochbehälter II $d = 150$ mm	2 100	6	00	52 182	00		
	Zuleitung nach Haupthochbehälter I $d = 150$ mm .	138						
	von desgleichen zurück bis Hauptstraße Osthofen $d = 175$ mm	6 186	7	20	44 539	20		
	Verteilungsleitung nach Hochbehälter Westhofen $d = 80$ mm	2 101	3	30				
	Desgl. nach Hochbehälter Mettenheim $d = 80$ mm	3 497	3	30	18 473	40		
	Hochbehälterzuleitung von Osthofen und Abenheim $d = 100$ mm zusammen.	15	3	80	57	00		
	Hochbehälterzuleitung von Gundheim und Bermersheim $d = 50$ mm	15	2	00	30	00		
	zu übertragen:				376 057	10	263 795	35

Lfde. Nr.	Gegenstand der Veranschlagung	Anzahl	Preis-einheit		Geldbetrag			
					im einzelnen		im ganzen	
			$\mathscr{M}$	$\mathscr{S}$	$\mathscr{M}$	$\mathscr{S}$	$\mathscr{M}$	$\mathscr{S}$
	Übertrag:				376 057	10	263 795	35
48	**Gußeiserne Normalmuffenröhren** fertig verlegt und verdichtet samt Beigabe aller Dichtungsmaterialien und Formstücke, wie A, B, C, E, F, T, U und R-stücke, Blindflanschen, Stopfen etc. Prüfen der fertig verlegten Rohrstränge auf 15 Atmosphären Wasserdruck.	lfde. m						
	a) $d = 300$ mm l. W. (Saug- bzw. Heberleitung) . .	460	16	00	7 360	00		
	b) $d = 275$ „ „ „ „ „ „ . .	250	13	50	3 375	00		
	c) $d = 250$ „ „ „ „ „ „ . .	250	11	00	2 750	00		
	d) $d = 150$ „ „ „ „ „ „ . .	260	6	00	1 560	00		
	e) $d = 175$ „ „ „ „ „ „ . .	7 153	7	20	51 501	60		
	f) $d = 150$ „ „ „ „ „ „ . .	11 737	6	00	70 422	00		
	g) $d = 125$ „ „ „ „ „ „ . .	9 172	4	90	44 942	80		
	h) $d = 100$ „ „ „ „ „ „ . .	18 761	3	80	71 291	80		
	i) $d = 90$ „ „ „ „ „ „ . .	945	3	60	3 402	00		
	k) $d = 80$ „ „ „ „ „ „ . .	22 545	3	30	74 398	50		
	l) $d = 60$ „ „ „ „ „ „ . .	1 397	2	60	3 632	20		
	m) $d = 50$ „ „ „ „ „ „ . .	3 582	2	50	8 955	00		
	n) $d = 40$ „ „ „ „ „ „ . .	24 110	2	30	55 453	00		
49	**Zuschlag für Flanschenabgänge** für die Hydranten, Straßen-, Entleerungsleitungen und Entlüftungen.	Stück						
	a) Lichtweite 250/100	1	12	50	12	50		
	b) „ 250/80	1	12	25	12	25		
	c) „ 200/100	1	10	00	10	00		
	d) „ 200/80	3	10	00	30	00		
	e) „ 175/100	2	9	00	18	00		
	f) „ 175/80	8	9	00	72	00		
	g) „ 150/100	7	8	00	56	00		
	h) „ 150/80	29	8	00	232	00		
	i) „ 150/50	3	8	00	24	00		
	k) „ 125/100	4	7	00	28	00		
	l) „ 125/80	39	7	00	273	00		
	m) „ 125/60	5	6	50	32	50		
	n) „ 125/50	4	6	00	24	00		
	o) „ 100/80	143	5	00	715	00		
	p) „ 100/60	3	4	50	13	50		
	q) „ 100/50	4	4	00	16	00		
	r) „ 80/80	232	3	00	696	00		
	s) „ 80/60	13	3	00	39	00		
	t) „ 80/50	5	3	00	15	00		
	u) „ 50/50	3	2	00	6	00		
50	**Zuschlag für Flanschenabgänge** oder A-U-Stücke für die Hausanschlüsse.							
	a) Lichtweite 175/40	88	9	00	792	00		
	b) „ 150/40	258	8	50	2 193	00		
	c) „ 125/40	326	7	35	2 396	10		
	zu übertragen:				782 806	85	263 795	35

Lfde. Nr.	Gegenstand der Veranschlagung	Anzahl	Preis-einheit $\mathcal{M}$	$\mathscr{S}$	Geldbetrag im einzelnen $\mathcal{M}$	$\mathscr{S}$	Geldbetrag im ganzen $\mathcal{M}$	$\mathscr{S}$
	Übertrag:				782 806	85	263 795	35
	d) Lichtweite 100/40	1219	6	30	7 679	70		
	e) „ 80/40	1568	5	00	7 840	00		
	f) „ 60/40	95	4	00	380	00		
	g) „ 50/40	60	3	50	210	00		
51	**Teilkugeln** oben mit 80 mm Hydrantenabgang und 2 bis 4 Muffen- oder Flanschenabgängen Stück							
	a) 240 mm Kugeldurchmesser	194	16	00	3 104	00		
	b) 350 „ „	100	20	00	2 000	00		
52	**Doppelschließende Normalabsperrschieber** mit vollständiger Einbaugarnitur, Straßenkappe, sowie Unterlage aus imprägnierten Eichenholz							
	a) von 175 mm l. W.	5	60	00	300	00		
	b) „ 150 „ „ „	25	50	00	1 250	00		
	c) „ 125 „ „ „	35	42	00	1 470	00		
	d) „ 100 „ „ „	152	34	00	5 168	00		
	e) „ 80 „ „ „	305	28	00	8 540	00		
	f) „ 60 „ „ „	26	23	00	598	00		
	g) „ 50 „ „ „	11	21	00	231	00		
53	**Normalunterflurhydranten** von 80 mm Eingangs-, Ventil-, Durchgangs- und Ausgangsweite für 1,50—1,60 m Rohrdeckung mit Bajonettklaue, selbsttätiger Entwässerung, Straßenkappen und Unterlage aus Eichenholz	612	35	00	21 420	00		
54	**Schieber- und Hydrantenschlüssel** mit Haken zum Öffnen der Straßenkappen	60	5	00	300	00		
55	**Schieber- und Hydrantenschilder** aus Zinkguß	1181	2	00	2 362	00		
56	**Markierungssäulen** einschl. Betonklotz	110	13	00	1 430	00		
57	**Zweiarmige Standrohre** von 75 mm l. W.	21	75	00	1 575	00		
58	**Einarmige Standrohre** von 75 mm l. W.	16	42	00	672	00		
59	**Ventilluftschrauben** mit Einbaugarnitur auf 80 mm. Abgang montiert	10	18	00	180	00		
60	**Rückschlagsklappen** mit Umgangsleitung samt den erforderlichen Schieber- und Fassonstücken . . .	7	310	00	2 170	00		
61	**Herstellung der verschiedenen Bahnunterführungen** für die Druck- und Falleitungen samt Lieferung der Überrohre, Schieber, Rückschlagsklappen usw.	15	500	00	7 500	00		
62	**Liefern und Einbauen von kombinierten Wassermessern** in die Falleitungen von Bechtheim, Heßloch, Dittelsheim, Dalsheim, Nieder-Flörsheim und Blödesheim samt Schieber und Fassonstücke							
	zu übertragen:				859 186	55	263 795	35

Lfde. Nr.	Gegenstand der Veranschlagung	Anzahl	Preis-einheit		Geldbetrag			
					im einzelnen		im ganzen	
			ℳ	₰	ℳ	₰	ℳ	₰
	Übertrag:	2	600	00	859 186	55	263 795	35
	$d = 175/30$ mm $= 2$ Stück	2	600	00	1 200	00		
	$d = 150/30$ „ $= 1$ „	1	500	00	500	00		
	$d = 125/25$ „ $= 1$ „	1	400	00	400	00		
	$d = 100/25$ „ $= 2$ „	2	300	00	600	00		
63	Glasierte Steinzeugröhren von $d = 125$ mm für die Über- und Leerlaufleitungen der Behälter zu liefern, verlegen und mit Hanfstrick und Asphaltkitt zu verdichten	lfde. m 2 035	1	60	3 256	00		
64	Gemauerte Entleerungsausläufe in Bruchsteinen mit Zementmörtel und Schutzgitter herzustellen . .	59	16	00	944	00		
65	Gusseiserne Klappenverschlüsse für die verschiedenen Entleerungsleitungen zu liefern und einzubauen von							
	$d = 100$ mm	15	16	00	240	00		
	$d = 80$ „	27	13	00	351	00		
	$d = 50$ „	2	8	00	16	00		
66	Umpflastern der Schieber- und Hydrantenstraßenkappen rd.	qm 650	7	00	4 550	00		
	Sa. Titel VI. Rohrleitungen und Zubehör:						871 243	55

Titel VII. Anschlussleitungen.

Anmerkung: Die Gräben und Gußröhren sind bereits unter Pos. 37 und 48 angesetzt.

Lfde. Nr.	Gegenstand der Veranschlagung	Anzahl	Preis-einheit		Geldbetrag			
67	Gußeiserne E-Stücke von 1 m Baulänge und $d = 40$ mm mit Rundflansche von 20—40 mm Bohrung zu liefern und einzubauen	Stück 2 410	2	50	6 025	00		
68	Desgl. gußeiserne E-Stücke 40 mm l. W. und 100 mm Länge mit nicht durchbohrtem Flansche als Zuschlag	2 410	0	50	1 205	00		
69	Erforderliche galvanisierte schmiedeiserne Röhren etc. für das Einbauen der Wassermesser von	lfde. m						
	$d = 20$ mm	4 500	1	70	7 650	00		
	$d = 25$ „	240	2	10	504	00		
	$d = 30$ „	50	2	60	130	00		
	$d = 40$ „	30	4	00	120	00		
70	Ventildurchgangshähne zu liefern und vor dem Wassermesser einzubauen von							
	$d = 20$ mm	2 250	3	10	6 975	00		
	$d = 25$ „	120	4	40	528	00		
	$d = 30$ „	25	8	50	212	50		
	$d = 40$ „	16	12	00	192	00		
	zu übertragen:				23 541	50	1 135 038	90

Lfde. Nr.	Gegenstand der Veranschlagung	Anzahl	Preiseinheit		Geldbetrag			
					im einzelnen		im ganzen	
			$\mathscr{M}$	$\mathfrak{I}$	$\mathscr{M}$	$\mathfrak{I}$	$\mathscr{M}$	$\mathfrak{I}$
	Übertrag:				23 541	50	1 135 038	90
71	Entleerungshähne (kleine Zapfhähne) von 10 mm Durchgang zu liefern und auf T-Stück hinter dem Wassermesser einzubauen	2410	2	10	5 061	00		
72	Lieferung der Wassermesser von							
	$d = 15$ mm Durchgang	2250	24	00	54 000	00		
	$d = 20$ „ „	120	27	00	3 240	00		
	$d = 25$ „ „	25	30	00	750	00		
	$d = 30$ „ „	15	36	00	540	00		
73	Einbauen der Wassermesser von							
	$d = 15$ mm	2250	1	20	2 700	00		
	$d = 20$ „	120	1	50	180	00		
	$d = 25$ „	25	1	70	42	50		
	$d = 30$ „	15	2	00	30	00		
	Sa. Titel VII. Anschlußleitungen:						90 085	00
	Titel VIII. Werkzeuge und Vorratsteile.							
74	Hierfür werden vorgesehen				5 000	00		
	Sa. Titel VIII. Werkzeuge und Vorratsteile:						5 000	00
	Titel IX. Kanalisation beim Pumpwerksgebäude.							
75	Für die Entwässerung des Pumpwerksgebäudes werden vorgesehen				3 500	00		
	Sa. Titel IX. Kanalisation beim Pumpwerksgebäude:						3 500	00
	Titel X. Wasserstandsfernmelder, Telephonanlage usw.							
76	Elektrischer Wasserstandsanzeiger bestehend aus den Kontaktwerken, den Zeigerwerken, den Signaleinrichtungen, den Batterien, Schränken, Freileitungen mit Masten, Isolatoren, Stützen usw., und zwar werden verbunden das Pumpwerksgebäude durch je eine getrennte Leitung mit den Hochbehältern I, II und III. Hierfür werden vorgesehen				5 500	00		
77	Privattelephonanlage zwischen Pumpwerk und der Bürgermeisterei Osthofen				500	00		
78	Elektrischer Wasserstandsanzeiger für den Saugbrunnen				200	00		
	Sa. Titel X. Wasserstandsfernmelder, Telephonanlage usw.						6 200	00
	zu übertragen:				11 300	00	1 239 823	90

Lfde. Nr.	Gegenstand der Veranschlagung	Anzahl	Preiseinheit		Geldbetrag			
					im einzelnen		im ganzen	
			ℳ	₰	ℳ	₰	ℳ	₰
	Übertrag:						1 239 823	90
	Titel XI. Grunderwerb, Kreszenzentschädigung und Umzäunung.							
79	**Grunderwerb** für das Pumpwerksgebäude, Filterbrunnen, Hochbehälter usw. rund	qm 6 200	1	50	9 300	00		
80	**Flur-** und **Kreszenzentschädigung**				2 000	00		
	Umzäumung des Pumpwerksgebäudes der Hochbehälter usw..	lfde. m 2 200	4	00	8 800	00		
	Sa. Titel XI. Grunderwerb, Kreszententschädigung und Umzäunung:						20 100	00
	Titel XII. Probebohrungen, Pumpversuch usw.							
81	Herstellung von **Probebohrlöchern** und **Abessinierbrunnen** sowie eines **Versuchsbrunnens** und Ausführung eines **3 wöchigen Dauerpumpversuches** rund				5 000	00		
	Sa. Titel XII. Probebohrungen, Pumpversuch usw.:						5 000	00
	Titel XIII. Insgemein.							
82	**An Zinsverlust** (Bauzwischenzinsen) bei Aufnahme des Anlagekapitals				25 000	00		
83	Für eine ev. **Enteisenungsanlage**				25 000	00		
84	Für **unvorhergesehene Arbeiten und Lieferungen**, Projektaufstellung, Bauvorlagen, **Bauaufsicht**, Vermessungen und Abrechnungen und zur Abrundung				85 076	10		
	Sa. Titel XIII. Insgemein:						135 076	10
	Gesamtbetrag:						1 400 000	00
	Zusammenstellung.							
	Titel I. Wasserfassung				11 494	65		
	„ II. Pumpwerksgebäude				42 000	00		
	„ III. Maschinen- und Pumpwerksanlagen . .				75 900	00		
	„ IV. Hochbehälter				112 680	00		
	„ V. Ausrüstung der Filterbrunnen, des Saugbrunnens und der Hochbehälter				21 720	70		
	„ VI. Rohrleitungen und Zubehör				871 243	55		
	„ VII. Anschlußleitungen				90 085	00		
	zu übertragen:				1 225 123	90		

Lfde. Nr.	Gegenstand der Veranschlagung	Anzahl	Preis-einheit		Geldbetrag			
					im einzelnen		im ganzen	
			$\mathcal{M}$	$\mathfrak{H}$	$\mathcal{M}$	$\mathfrak{H}$	$\mathcal{M}$	$\mathfrak{H}$
	Übertrag:				1 225 123	90		
	Titel VIII. Werkzeuge und Vorratsteile				5 000	00		
	„ IX. Kanalisation beim Pumpwerksgebäude .				3 500	00		
	„ X. Wasserstandsfernmelder, Telephonanlage usw.				6 200	00		
	„ XI. Grunderwerb, Kreszenzentschädigung und Umzäunung				20 100	00		
	„ XII. Probebohrungen, Pumpversuch usw. . .				5 000	00		
	„ XIII. Insgemein				135 076	10		
	Summa:				1 400 000	00		

Durch den Fortfall der Gemeinde Herrnsheim ermäßigt sich dieser Betrag auf **rund 1,300,000 Mark.**

Die vorstehend ermittelte Bausumme von 1 300 000 M. ergibt **auf den Kopf der Be-völkerung** gerechnet 1 300 000 : 17 895 = rund 73 M.

Die **Berechnung der Rentabilität** der Anlage erfolgte nach den in der Provinz Rhein-hessen gemachten Erfahrungen, wobei als Durchschnittswasserverbrauch nur die Hälfte des oben unter 2 a berechneten Maximalbedarfes in Ansatz gebracht wurde.

Der mittlere Jahreskonsum wird demnach $\dfrac{1370{,}210 \cdot 365}{2} = 250\,063$ cbm betragen.

An regelmäßigen Ausgaben werden entstehen:

1. Verzinsung und Amortisation des Gesamtanlagekapitals mit $4\frac{1}{2}\%$ von
   1 400 000 M. = ... = 63 000,00 M.

2. Abschreibung der Maschinenanlagen, der elektrischen Fernmeldeleitungen
   und der Wassermesser $2\frac{1}{2}\%$ von 144 420 M. . . . . = 3 610,00 „

3. Unterhaltung des übrigen Teiles der Anlage $1\,^0/_{00}$ von 1 255 580 M. . = 1 255,00 „

4. Jährliche Vergütung für den Maschinenmeister, ausschließlich des Miet-
   wertes der Wohnung und des Gartens . . . . = 1 800,00 „

5. Jährliche Vergütung für den Hilfsmaschinisten, ausschließlich des Miet-
   wertes der Wohnung . . . . = 900,00 „

6. Jährliche Vergütung für 2 Leitungsaufseher à 150 M. . . . . . . = 300,00 „

7. Jährliche Vergütung für 15 Ortswassermeister à 50 M. . . . . . . = 750,00 „

8. Jährlicher Brennstoffverbrauch der Sauggasanlage:

   a) 1. Zone bei Förderung von 40 Sek.-l auf 108,32 m bei 75,1 PS Kraftbedarf = 0,556 kg Anthrazit pro Stunde und Pferdekraft oder 0,29 kg
   pro cbm $\dfrac{808{,}750 \cdot 365 \cdot 0{,}29}{2} =$ . . . . 42 80 315 kg

   b) 2. Zone bei Förderung von 20 Sek.-l auf 181,04 m bei
   62,8 PS Kraftbedarf = 0,666 kg Anthrazit pro Stunde
   und Pferdekraft oder 0,58 kg pro cbm $\dfrac{462\,210 \cdot 365 \cdot 0{,}58}{2} =$ 48 924,74 „

   c) 3. Zone bei Förderung von 10 Sek.-l auf 231,35 m
   bei 40,1 PS Kraftbedarf oder 0,56 kg pro cbm
   $\dfrac{99{,}250 \cdot 365 \cdot 0{,}56}{2} =$ . . . . 10 143,28 „

   zus. 101 871,15 kg

   101 871 kg à 0,03 M. . . . . = 3 056,00 „

9. Für Putz- und Schmiermaterial . . . . = 300,00 „

10. Verwaltungskosten, Rechnungswesen, Steuer, Versicherungsbeiträge usw.   3 029,00 „

   zus. 78 000,00 M.

   Hiervon gehen ab an Einnahmen:

1. Rückvergütung, die die Brandversicherungskammer an Gemeinden zahlt,
   die mit Hochdruckwasserleitungen versehen sind (2 Pf. pro 100 M. Brand-
   versicherungskapital) . . . . 5 700,00 „

2. Wassermessermiete pro Anschluß, nach Weite des Messers pro Anschluß 2,40 bis 3,60 M. . . . . 9 000,00 „

   zus. 14 700,00 M.

Bleiben durch Wassergeld aufzubringen 63 300,00 M.

Die Kosten pro cbm gefördertes Wasser werden sich daher auf rund 25 Pfennig stellen.

Bei der Berechnung der Einnahmen ist die Wasserabgabe an die verschiedenen Bahnstationen, die als Großabnehmer angeschlossen sind, nicht berücksichtigt. Aus diesen Anschlüssen werden dem Verband voraussichtlich noch jährlich 1000 bis 1500 M. weitere Einnahmen erwachsen.

12. Baukosten.

Die genaue Höhe der Baukosten ist zurzeit noch nicht festzustellen, da noch einzelne Arbeiten zu vollenden und abzurechnen sind. Die nachstehend mitgeteilten Ausführungskosten sind deshalb nur als annähernd genau zu betrachten.

Entsprechend den einzelnen Positionen des Kostenanschlages werden sich die Ausführungskosten etwa stellen:

Titel I.	Wasserfassung		9 900,00 M.
„ II.	Pumpwerksgebäude		50 000,00 „
„ III.	Maschinen- und Pumpwerksanlage		75 000,00 „
„ IV.	Hochbehälter		108 000,00 „
„ V.	Ausrüstungen der Filterbrunnen, des Saugbrunnens und der Hochbehälter		16 000,00 „
„ VI.	Rohrleitungen und Zubehör		700 000,00 „
„ VII.	Anschlußleitungen		165 000,00 „
„ VIII.	Werkzeuge und Vorratsteile		5 000,00 „
„ IX.	Kanalisation am Pumpwerksgebäude		4 000,00 „
„ X.	Wasserstandsfernmelder- und Telephonanlage		22 000,00 „
„ XI.	Grunderwerb, Kreszenzentschädigungen und Umzäunung		20 000,00 „
„ XII.	Probebohrungen und Pumpversuch		3 800,00 „
„ XIII.	Insgemein		51 300,00 „
		zus.	1 230 000,00 M.

Gegen den sich auf 1 300 000,00 M. beziffernden Voranschlag sind daher etwa 70 000 M. erspart worden.

––––––––––

II. Geschichte der Verbandsbildung und Bauausführung.

1. Vorverhandlungen.

Bisher besaßen im Kreise Worms, in dem sämtliche Gemeinden der neuen Gruppenwasserversorgung liegen, nur zwei Langemeinden, nämlich Eppelsheim und Wachenheim, eine Wasserleitung, und diese beiden Leitungen sind in vieler Hinsicht mangelhaft.

Schon seit dem Jahre 1899 machten sich in verschiedenen Gemeinden des Kreises, so in Dittelsheim, Blödesheim, Dalsheim, Bechtheim, Monzernheim und Frettenheim, Bestrebungen nach Wasserversorgungen bemerkbar. Die Voruntersuchungen, die von den zuständigen Behörden veranlaßt wurden, hatten fast bei allen obengenannten Gemeinden kein günstiges Ergebnis.

Charakteristisch für die Verhältnisse im allgemeinen und auch für andere Orte passend ist das nachstehend mitgeteilte Gutachten des Großh. Landesgeologen und des Großh. Kulturinspektors über die Verhältnisse bei Frettenheim.

Darmstadt,
Mainz, den 21. Juli 1903.

Betreffend:
Wasserversorgung Frettenheim.

Die geologischen Verhältnisse des Ortes Frettenheim liegen für die Wasserbeschaffung außerordentlich ungünstig, weit und breit dehnt sich der Rupelton aus, der nur von einer verhältnismäßig dünnen Decke von diluvialen Schichten, Lehm bzw. Lößlehm bedeckt wird. Es würde ganz zwecklos sein, oberflächlich durch Galerien, vielleicht an Stellen, die in nassen Jahreszeiten etwas Wasser austreten lassen, solches zusammenzusuchen, weil das Niederschlagsgebiet und die Mächtigkeit der wassertragenden Schichten viel zu gering sind, um auch nur einen kleinen Erfolg zu sichern. Auch zu einer Bohrung kann nicht geraten werden. Der Rupelton besitzt eine bedeutende Mächtigkeit, die vielfach 100 bis 120 m erreicht. Sind Verwerfungen oder Verquetschungen vorhanden, ein Fall, der gerade hier sehr wohl möglich ist, so kann diese noch größer werden, außerdem muß noch ein eventuell beträchtliches Stück in das Rotliegende gebohrt werden, wenn sich nicht auf der Grenzfläche zwischen Tertiär und Rotliegendem die nötige Wassermenge findet. Daß die Verhältnisse bezüglich der Mächtigkeit günstiger liegen als hier angenommen wird, ist zwar nicht ausgeschlossen, nach den Resultaten, die sich bei der Ortsbesichtigung ergeben haben, jedoch sehr unwahrscheinlich. Es würden also für die Gemeinde durch Ausführung einer Bohrung sehr hohe Kosten und ein erhebliches Risiko entstehen, außerdem aber durch den Pumpbetrieb, namentlich wenn ein nur geringer Auftrieb des Wassers vorhanden ist, noch ganz erhebliche Betriebskosten erforderlich sein. Zu alledem ist die Gemeinde zu klein.

Eine Zuleitung von Süden oder Südwesten verspricht, abgesehen von den technischen Schwierigkeiten und Kosten, nicht ohne weiteres Erfolg, es sind dazu vor allen Dingen wahrscheinlich umfangreichere Vorarbeiten erforderlich. Es wird sich nach unserer Meinung empfehlen, trotz der herrschenden Wasserarmut, die Versorgung von Frettenheim zurückzustellen, bis man sie gemeinsam mit einem oder mehreren anderen Orten in endgültiger Weise und ohne daß für diese kleine Gemeinde zu große Kosten entstehen regeln kann.

gez. Bergrat Dr. A. Steuer, Großh. Landesgeologe,

gez. v. Boehmer, Großh. Kulturinspektor.

Auch in der Gemeinde Osthofen waren schon seit 1900 von verschiedenen Seiten Schritte zur Erlangung einer Wasserversorgung getan worden. Es waren Vorarbeiten und Bohrungen vorgenommen und auch ein Entwurf nebst Rentabilitätsberechnung aufgestellt worden, aber man glaubte in einem großen Teil der Bevölkerung und auch im Ortsvorstand nicht recht, daß bei den besonderen Verhältnissen, die in Osthofen herrschen, ein eigenes Wasserwerk Aussicht auf erfolgreiches Gedeihen haben werde, und fürchtete, daß die Gemeinde durch eine derartige Anlage über Gebühr belastet werden würde.

Zur Erteilung einer Konzession an einen Unternehmer, der sich gewiß gefunden hätte, war man nach den schlechten Erfahrungen, die man in anderen Gemeinden gemacht hatte, auch nicht geneigt. So kam die Sache damals für Osthofen wieder zum Stillstand, und es war die Gemeinde Bechtheim, die den eigentlichen Anstoß zur Erbauung des Gruppenwasserwerkes geben sollte.

In dieser Gemeinde ist das Wasser außerordentlich ungleich verteilt, so daß in vielen Ortsteilen erheblicher Wassermangel herrscht, während andere Lagen mehr als hinreichend mit Wasser versorgt sind. Die wasserführende Schicht liegt, da wo man das Wasser zur Versorgung des Ortes zweckmäßigerweise allein gewinnen könnte, ziemlich tief, jedenfalls so tief, daß ohne ein Pumpwerk an die Anlage einer Hochdruckwasserleitung nicht zu denken ist. Der Gemeinderat Bechtheim ließ im Oktober 1903 ein generelles Projekt zur Erbauung einer Wasserleitung mit Pumpwerk ausarbeiten, dessen Kostenanschlag sich auf rund 75 000 Mark belief. Bei der Beratung über dieses Projekt beschloß der Gemeinderat jedoch, mit Rücksicht auf die hohen Kosten des Einzelpumpbetriebes, vorerst von der Anlage einer nur für Bechtheim dienenden Wasserleitung abzusehen und den Versuch zu machen, mit einigen Gemeinden der Umgebung gemeinsam ein Wasserwerk zu errichten.

Fast gleichzeitig hatten sich in den Gemeinden Blödesheim, Dittelsheim, Monzernheim und Hangenweisheim dahingehende Bestrebungen bemerkbar gemacht, unter Benutzung einer bei Hangenweisheim entspringenden Quelle eine gemeinsame Wasserversorgung auszuführen. Messungen dieser Quelle ließen jedoch den Erfolg dieses Planes zweifelhaft erscheinen.

Der Kulturinspektion war durch diese Schritte und durch das inzwischen wieder erwachende Interesse an einem Wasserwerk von seiten der Bevölkerung und der leitenden Faktoren in Osthofen Gelegenheit gegeben, der Ausarbeitung eines Projektes für alle als bedürftig in Frage kommenden Gemeinden des Kreises Worms näherzutreten; doch mußte zuvor eine Gemeinde gefunden werden, die sich an die Spitze eines derartigen Unternehmens zu stellen bereit war und die die zu den Vorarbeiten und zur Projektaufstellung erforderlichen Mittel vorschoß.

Zu dieser führenden Rolle schien nach Lage der Verhältnisse und unter Berücksichtigung der schon früher in Wasserleitungsfragen getanen Schritte die Gemeinde Osthofen die am meisten geeignete.

Am 8. Februar 1904 beschloß der Gemeinderat Osthofen, nachdem ihm seitens des Kreisamtes, der Kulturinspektion und des Landesgeologen die erforderlichen Aufklärungen zuteil geworden waren, die Mittel zur Ausarbeitung eines Gruppenwasserversorgungsprojektes vorlagsweise zu bewilligen.

Nunmehr konnte seitens der Kulturinspektion mit den Versuchsbohrungen bei Rhein-Dürkheim begonnen und, als sich die Boden- und Grundwasserverhältnisse günstig erwiesen, ein Probebrunnen angelegt werden. Vom 17. Juni bis 9. Juli fand an diesem Probebrunnen ein Pumpversuch statt, dessen zufriedenstellendes Ergebnis aus dem ersten Teil der Abhandlung hervorgeht. Nachdem auch die chemischen und bakteriologischen Untersuchungen günstig ausgefallen waren, konnte an die Ausarbeitung des Detailprojektes herangetreten werden.

Das Projekt wurde am 16. Oktober 1904 dem Großh. Ministerium des Innern Abteilung für Landwirtschaft, Handel und Gewerbe zur Prüfung vorgelegt. Die Genehmigung zur Ausführung erfolgte am 8. November mit nachstehender Verfügung:

Das

Großherzogliche Ministerium des Innern

Abtl. für Landwirtschaft, Handel und Gewerbe

an

Großherzogliche Kulturinspektion

Mainz.

Die Vorerhebungen zu dem umfassenden Entwurf einer Gruppenwasserversorgung des Seebachgebietes sind in sehr sorgfältiger Weise vorgenommen. Aus den beiliegenden Aufzeichnungen über die Bohrversuche und den Probepumpversuch ergibt sich die Sicherheit, daß auch nach stärkerem Anwachsen der Ortschaften der Wasserbezugsort genügen wird.

Auch die auf Grund der Vorerhebungen erfolgte Entwurfsbearbeitung mit ihrer klaren Anordnung der einzelnen Gruppen, der eingehenden Behandlung der Ortsrohrnetze und der Hochbehälter verdient volle Anerkennung.

Wir erklären uns insbesondere damit einverstanden, daß von der Ausführung einer Enteisenungsanlage vorläufig abgesehen wird, wie dies in dem Erläuterungsbericht vorgeschlagen ist. Bei der voraussichtlich nur geringen Absenkung in den einzelnen Brunnen erscheint die Gefahr einer starken Eisenabsonderung nicht sehr groß.

Wir haben daher gegen die Ausführung des Entwurfes keinerlei Einwendungen zu erheben.

gez. Braun.

In den Monaten November und Dezember fanden die Verhandlungen mit den einzelnen Gemeinden statt, denen das Projekt zur definitiven Beschlußfassung vorgelegt wurde. Alle Gemeinden mit Ausnahme von Herrnsheim stimmten dem Entwurfe zu und wählten einen bevollmächtigten Vertreter zur Bildung eines Verbandes zum Bau und Betrieb der geplanten Wasserversorgung Gleichzeitig wurde von den einzelnen Ortsvorständen bestimmt, daß die gewählten Vertreter auch in dem zu bildenden Verbandsausschuß die Gemeinde vertreten sollten.

2. Verbandsbildung.

Am 23. Dezember 1904 traten die gewählten Vertreter zur einer gemeinsamen Sitzung in Osthofen zur formellen Bildung des Verbandes zusammen.

In den folgenden Sitzungen wurden die Verbandsstatuten genehmigt und Beschluß gefaßt, bei Großh. Ministerium des Innern die Verleihung der juristischen Persönlichkeit für den Verband nachzusuchen. Die Bildung des Verbandes war nach zweierlei Rechtsform möglich:

a) als Verein,

b) als Gesellschaft.

Nach § 21 ff. des Bürgerlichen Gesetzbuches erlangen nur die Vereine, deren Zweck nicht auf einen wirtschaftlichen Geschäftsbetrieb gerichtet ist, durch gerichtlichen Eintrag die Rechtsfähigkeit, während Vereine, die wirtschaftliche Betriebe bezwecken, die juristische Persönlichkeit nur durch staatliche Verleihung erhalten können. Auf Vereine, die nicht rechtsfähig sind, finden die Vorschriften über die Gesellschaft Anwendung.

Als Mitglieder des Verbandes konnten schon mit Rücksicht auf die Finanzierung des Unternehmens, stets nur die einzelnen Gemeinden, niemals die einzelnen Gemeindemitglieder und Wasserkonsumenten in Frage kommen, da die erforderliche Kapitalaufnahme nur dann zu bewirken war, wenn die Gemeinden als Verbandsmitglieder die solidarische Bürgschaft übernahmen.

Von einer Bildung des Verbandes in Form eines nicht rechtsfähigen Vereines war somit, wenn irgend möglich, abzusehen, da die mangelnde Rechtsfähigkeit erfahrungsgemäß nach den verschiedensten Richtungen hindernd und lähmend auf die Verbandstätigkeit wirkt. Schon die Erwerbung von Grundeigentum und der gerichtliche Eintrag derartigen Eigentums würde bei dem neuen Wasserversorgungsverbande mangels hierfür geeigneter Rechtstitel auf Schwierigkeiten gestoßen sein.

Auch bei der Rechtsform der Gesellschaft würden derartige Rechtsgeschäfte namentlich hier, wo es sich um eine größere Anzahl von Gesellschaftern gehandelt hätte, auf Schwierigkeiten gestoßen sein. Noch schwieriger wie beim Kauf und Eintrag von Grundeigentum würden sich die Verhältnisse beim Verkauf, Löschung oder gar bei Abteilung, beim Austritt eines Gesellschafters gestaltet haben.

Der rechtsfähige Verein bietet der Gesellschaft gegenüber auch die Gewähr einer besseren und ständigen Handhabung der staatlichen Aufsicht über dieses lediglich dem öffentlichen Interesse dienen sollenden Unternehmen. Dadurch, daß die Vereinssatzungen, auf Grund deren dem Verein vom Großh. Ministerium die Rechtsfähigkeit verliehen wird, nur mit Genehmigung der Verwaltungsbehörde geändert werden können, ist es dem Verein unmöglich gemacht, die staatliche Aufsicht ganz abzuschütteln oder abzuschwächen. Dies ist bei der Gesellschaftsform nicht der Fall, da hier der Gesellschaftsvertrag durch Übereinkunft der Gesellschafter Änderungen erfahren kann.

Eine Schwierigkeit ergab sich daraus, daß der neugebildete Verband bis zur Verleihung der Rechtsfähigkeit durch das Großh. Ministerium, die auf dem Instanzenwege nachgesucht, immerhin erst nach längerer Zeit erfolgte, nicht rechtsfähiger Verein war. Nach § 54 des Bürgerlichen Gesetzbuches haftet aus einem Rechtsgeschäft, das im Namen eines solchen Vereins einem Dritten gegenüber vorgenommen wird, der Handelnde persönlich; handeln mehrere, so haften diese als Gesamtschuldner. Durch diese Bestimmung hätten daher der Verbandsvorsitzende bzw. die Mitglieder des Verbandsausschusses beim Eingehen aller Rechtsgeschäfte eine weitgehende persönliche Verantwortung übernehmen müssen, oder der Verein hätte seine Tätigkeit aussetzen müssen bis nach erfolgter Verleihung der Rechtsfähigkeit. Dies war aber aus verschiedenen Gründen, ohne Verluste an Zeit und Geld nicht durchführbar.

Um diesen Mißständen zu begegnen, beschloß der Verbandsausschuß, daß die neuen Vereinssatzungen mit der Maßgabe sofortige Anwendung zu finden hätten, daß der Wasserversorgungsverband bis zur Verleihung der Rechtsfähigkeit Gesellschaft im Sinne des § 705 ff. des Bürgerlichen Gesetzbuches zu verbleiben habe. Dadurch wurden die Verbandsvertreter entlastet und die Verantwortlichkeit und Haftpflicht auf die Gesellschafter, d. h. die einzelnen Verbandsgemeinden, übertragen.

Unter dem 25. April 1905 wurde das Verbandsstatut vom Großh. Ministerium genehmigt und dem Verbande die nachgesuchte Rechtsfähigkeit verliehen.

3. Satzungen des Vereins für den Bau und Betrieb der Wasserversorgungsanlage.

Die genehmigten Vereinssatzungen lauten wie folgt:

Satzungen
des
Vereins für den Bau und Betrieb der Wasserversorgungsanlage
des
Seebachgebietes
(rechtsf. Verein lt. Entschl. Gr. M. d. J. v. 23. März 1905).

I. Zweck, Sitz und Name des Vereins.
§ 1.

Der von den Gemeinden Abenheim, Bechtheim, Bermersheim, Blödesheim, Dalsheim, Dittelsheim, Frettenheim, Gundheim, Heßloch, Mettenheim, Monzernheim, Nieder-Flörsheim, Pfeddersheim, Osthofen und Westhofen begründete Verein bezweckt den Bau und Betrieb einer Wasserversorgungsanlage für das Seebachgebiet und hat seinen Sitz in Osthofen.

Der Name des Vereins lautet nach Verleihung der Rechtsfähigkeit durch Großh. Ministerium des Innern:

„Wasserversorgungsverband für das Seebachgebiet (rechtsfähiger Verein gemäß Verleihungsurkunde Großh. Ministeriums des Innern vom 23. März 1905)".

II. Vereinsvermögen.
§ 2.

Die gesamte Wasserversorgungsanlage ist Eigentum des Verbandes. Dieselbe wird nach dem von Großh. Kulturinspektion Mainz ausgearbeiteten und von Großh. Ministerium des Innern, Abteilung für Landwirtschaft, Handel und Gewerbe, geprüften und gebilligten Projekt, Kostenvoranschlag und Rentabilitätsberechnung erbaut.

Das Vermögen des Vereins besteht ferner aus den zur Verfügung stehenden Kapitalien und aus den Betriebseinnahmen.

Der Verband verteilt den sich aus dem Betrieb etwa ergebenden Reingewinn an seine Mitglieder nach Maßgabe des von denselben in den letzten 5 Jahren bezogenen Wasserquantums, nach dem gleichen Verhältnis haften die Mitglieder für den etwa aus dem Betriebe erwachsenden Verlust. Sind zur Zeit der Verteilung der Gewinnraten oder der Anforderung der Verlustanteile 5 Jahre seit Gründung des Verbandes noch nicht verflossen, so tritt an Stelle dieses Zeitabschnittes der bis dahin abgelaufene Zeitraum.

III. Mitgliedschaft.
A. Ein- und Austritt.
§ 3.

Mitglieder des Vereins sind die in § 1 genannten Gemeinden. Der Eintritt weiterer Gemeinden als Mitglieder unterliegt der Genehmigung des Ausschusses (§ 8) und der staatlichen Aufsichtsbehörden (Großh. Kreisamt und Großh. Ministerium des Innern).

Der Austritt aus dem Vereine ist nur am Schlusse eines Geschäftsjahres und erst nach Ablauf einer 2 jährigen Kündigungsfrist zulässig. Die austretende Gemeinde hat dem Vereine bei ihrem Austritt einen Betrag zu entrichten, welcher der Höhe der Aufwendungen entspricht, die dadurch entstanden sind, daß die betreffende Gemeinde an die Wasserversorgung angegliedert worden ist. Bei Berechnung der zu leistenden Summe sind die während der Dauer der Mitgliedschaft erfolgten Abschreibungen in Anrechnung zu bringen.

B. Beiträge.

§ 4.

Das zur Bestreitung der Anlagekosten erforderliche Kapital wird durch ein Anlehen aufgenommen, für welches die Mitglieder die solidarische Bürgschaft übernehmen. Ebenso haften die Mitglieder als solidarische Bürgen für später aufzunehmende Kapitalien zur Bestreitung der Kosten von Neu- und Umbauten sowie Reparaturen oder anderer Ausgaben, falls dieselben nicht aus Betriebseinnahmen gedeckt werden.

Für das aus diesen Verpflichtungen sich ergebende Verhältnis der gesamtschuldnerischen Vereinsmitglieder zueinander findet die Bestimmung des § 2, Abs. 3 entsprechende Anwendung.

IV. Organe des Vereins.

§ 5.

I. Vorstand.

Der Vorstand besteht aus dem Vorsitzenden des Ausschusses. An die Stelle des Vorsitzenden tritt in dessen Verhinderung der zweite und in dessen Verhinderung der dritte Vorsitzende. Der Vorsitzende und die Stellvertreter werden von dem Ausschuß (§ 8) auf die Dauer von 5 Jahren gewählt.

§ 6.

Der Vorsitzende führt die laufenden Geschäfte. Er beruft die Sitzungen, bereitet die Beschlüsse vor und trägt für deren Ausführung Sorge. Der Vorsitzende ist verpflichtet, den Ausschuß zu berufen, wenn dies von mindestens der Hälfte der Mitglieder beantragt wird. Weigert der Vorsitzende die Einberufung, so ist auf Antrag der die Einberufung verlangenden Ausschußmitglieder durch Großh. Kreisamt Worms die Einberufung zu verfügen und hierzu ein Verhandlungsleiter zu bestimmen.

§ 7.

Der Verein wird gerichtlich und außergerichtlich durch den Vorstand vertreten. Der Vorsitzende führt auch den Vorsitz in dem Ausschuß und in den von demselben bestellten Deputationen, soweit nicht ein anderes ausdrücklich bestimmt wird.

Die Ausfertigung von Urkunden werden namens des Verbandes von dem Vorsitzenden oder in dessen Verhinderung von einem seiner Stellvertreter gültig unterzeichnet; Schuldscheine sowie Urkunden über Erwerb und Veräußerung von Immobilien und Immobiliarrechten müssen außer von dem Vorsitzenden auch von drei durch den Ausschuß beauftragten Mitgliedern desselben unterschrieben sein.

§ 8.

2. Ausschuß.

Der Ausschuß (Mitgliederversammlung) setzt sich aus den von den Vereinsmitgliedern ernannten und bevollmächtigten Vertretern zusammen. Jede Gemeinde entsendet in den Ausschuß den Bürgermeister und in dessen Verhinderung den gesetzlichen Stellvertreter und je einen vom Gemeinderat auf 5 Jahre gewählten Vertreter. Die Gemeinde Osthofen ist berechtigt, einen weiteren Vertreter auf die gleiche Dauer abzuordnen. Die Vertreter müssen aus den nach Art. 13 der Landgemeindeordnung stimmberechtigten Einwohnern der betreffenden Gemeinden gewählt werden, vorausgesetzt, daß sie nicht infolge Verurteilung unfähig zur Bekleidung öffentlicher Ämter sind.

§ 9.

Der Ausschuß ist nur beschlußfähig, wenn mehr als die Hälfte der Ausschußmitglieder mit Einschluß des Vorsitzenden anwesend ist und wenn sämtliche Ausschußmitglieder spätestens am Tage vorher mit Angabe der Beratungsgegenstände schriftlich eingeladen waren. Die Beschlüsse werden nach Stimmenmehrheit gefaßt. Im Falle der Stimmengleichheit entscheidet die Stimme des Vorsitzenden. Ist die erste berufene Versammlung nicht beschlußfähig, so ist eine zweite Versammlung einzuberufen, die alsdann ohne Rücksicht auf die Zahl der anwesenden Mitglieder beschlußfähig ist.

Über Gegenstände, welche nicht auf der Tagesordnung stehen, darf, dringende Fälle ausgenommen, nur dann Beschluß gefaßt werden, wenn wenigstens zwei Dritteile der Mitglieder anwesend sind und wenn alle anwesenden Mitglieder sich für alsbaldige Erledigung des Gegenstandes aussprechen. Über die Ausschußbeschlüsse ist von einem durch den Ausschuß zu wählenden Schriftführer ein Protokoll aufzunehmen, welches nach Verlesung und Genehmigung von dem Vorsitzenden und dem Schriftführer zu unterzeichnen ist.

§ 10.

Die Ausschußmitglieder erhalten Diäten und Ersatz der Transportkosten, wie sie für Ortsvorstandspersonen jeweils in Geltung sind. Die ortsansässigen Ausschußmitglieder erhalten eine vom Ausschuß festzusetzende Vergütung.

§ 11.

Dem Ausschuß liegt die gesamte Verwaltung des Unternehmens, insbesondere auch die Vermögensverwaltung, ob. Demgemäß steht ihm insbesondere die Beschlußfassung über folgende Geschäfte zu:

Grunderwerbungen und -veräußerungen, Aufnahme von Anlehen, Vergebung der Arbeiten und Lieferungen, Abschluß von Verträgen mit Unternehmern, Anstellung des Maschinenwärters, der Ortswassermeister und etwaiger sonstiger Bediensteten, die Feststellung der Dienst- und Gehaltsverhältnisse dieser Angestellten unter Zugrundelegung der von der Bauleitung aufzustellenden technischen Instruktionen, die Unterweisung und Überwachung sowie die Entlassung dieser Bediensteten, sofern dieselben nicht unmittelbar der technischen Staatsbehörde unterstellt werden, die Anordnung der von der technischen Staatsbehörde für notwendig erachteten Reparaturen, Festsetzung des Wasserbezugspreises, Gestattung des Wasserbezugs in anderen Gemeinden, Bildung von Deputationen aus seiner Mitte zur Erledigung einzelner Geschäftszweige.

Rechnungswesen des Vereins.

§ 12.

Für die Besorgung der Einnahmen und Ausgaben des Vereins wird von dem Ausschuß ein Rechner ernannt.

Auf dessen Anstellungs-, Kautions-, Gehalts- und Dienstverhältnisse finden die für die Gemeindeeinnehmer bestehenden gesetzlichen Vorschriften sinngemäße Anwendung. Für die Geschäftsführung des Rechners gelten die Bestimmungen der Dienstanweisung für die Gemeindeeinnehmer vom 24. Februar 1898.

§ 13.

Auf das Rechnungswesen finden die für das Gemeinderechnungswesen geltenden Vorschriften sinngemäße Anwendung, insoweit in diesen Satzungen nichts anderes bestimmt ist. Das Rechnungsjahr läuft vom 1. April des einen bis zum 31. März des folgenden Jahres. Der von dem Vorsitzenden zu entwerfende Voranschlag ist nach Feststellung durch den Ausschuß von Großh. Kreisamt Worms zu genehmigen.

§ 14.

Alle Anweisungen zur Vereinnahmung und Verausgabung von Beträgen werden von dem Vorsitzenden des Verbandes vollzogen. Während der Ausführung der Bauarbeiten notwendig werdende

Ausgaben können nur angewiesen werden, wenn die Ermächtigung zur Zahlung durch die Großh. Kulturinspektion Mainz erteilt ist. Dasselbe gilt für Ausgaben, welche nach Inbetriebsetzung der Anlage erwachsen und den Betrag von 300 M. übersteigen, vorausgesetzt, daß nicht Gefahr im Verzuge liegt.

Wasserabgabe.

§ 15.

Die Wasserabgabe aus der Verbandsleitung und die Instandhaltung und Benützung der Privatleitungen wird durch eine vom Ausschuß zu erlassende Wasserbezugsordnung sichergestellt. Jeder einzelnen Gemeinde bleibt es unbenommen, mit Genehmigung des Verbandsausschusses und mit Zustimmung der Aufsichtsbehörde (§ 18) zu dem vom Ausschusse festgesetzten Wasserpreise einen Zuschlag zu erheben oder einen Teil des Preises aus der Gemeindekasse zu zahlen. Die Abrechnung zwischen der Gemeinde und dem Verband geschieht in diesen Fällen durch letzteren.

§ 16.

Die nach der im vorigen Paragraphen erwähnten Wasserbezugsordnung zu entrichtenden Abgaben sowie etwaige andere Einnahmen des Verbandes werden auf Kosten desselben von den Gemeindeeinnehmern der beteiligten Gemeinden erhoben und an die Verbandskasse abgeliefert. Die Festsetzung der den Gemeindeeinnehmern zu gewährenden Vergütung liegt dem Ausschuß ob. Bei zufälligen Einnahmen kann der Vorsitzende den Rechner zur direkten Erhebung anweisen.

Neubaufonds.

§ 17.

Zur Bildung eines Neubaufonds sind mindestens jedes Jahr von den Kosten

       a. der Gebäude und Maschinenbestandteile $\frac{1}{2}\%$

       b. der beweglichen Maschinenteile $1\frac{1}{2}\%$

des erstmaligen Herstellungsaufwandes neben den jährlichen Betriebskosten aufzubringen. Die Bildung des Neubaufonds hat spätestens mit dem Etatsjahre 1910 zu beginnen.

Die Beiträge zu diesem Neubaufonds sind verzinslich anzulegen und nur für Neubauzwecke zu verwenden. Die jährlichen Zinsen dieses Fonds sind stets dem Kapital zuzuschlagen. Die Überweisung von Beträgen zu diesem Fonds und der Zuschlag der Zinsen kann durch Beschluß des Ausschusses mit Genehmigung Großh. Kreisamts eingestellt oder geändert werden.

Aufsichtsbehörden.

§ 18.

Die staatliche Aufsichtsbehörde über die Verwaltung dieses Vereins ist das Großh. Kreisamt Worms.

Mit Rücksicht auf den Charakter des Unternehmens gelten, sowohl in den Beziehungen des Vereins zur Aufsichtsbehörde als in den Kompetenzen der letzteren gegenüber dem Ausschuß und dem Vorsitzenden und umgekehrt, für die Stellung des Ausschusses die den Gemeinderat und für die Stellung des Vorsitzenden die den Bürgermeister betreffenden Bestimmungen der Verwaltungsgesetze, insoweit in gegenwärtiger Satzung nichts anderes bestimmt ist. Hiernach bedürfen insbesondere die Beschlüsse des Ausschusses, welche die Bestellung des Rechners, die Veräußerung von Grundeigentum und Immobiliarrechten, die Aufnahme von Anlehen und Zurückziehen von Kapitalien betreffen, der Genehmigung der Aufsichtsbehörde. Aus gleichem Grunde liegt die Genehmigung des Voranschlags dem Kreisamt und die Prüfung der Rechnung der Großh. Oberrechnungskammer ob.

§ 19.

Die technisch-staatliche Aufsichtsbehörde ist die Großh. Kulturinspektion Mainz, gegenüber welcher der Verein sich zu nachstehendem verpflichtet:

1. Die auf Grund der vorliegenden Pläne und Überschläge sowie der noch erforderlichen Detailpläne abzuschließenden Akkorde und die Aufstellung der Vergebungsbedingungen geschehen durch die Großh. Kulturinspektion Mainz, welcher Behörde auch die Bauleitung und die Ausführung des gesamten Werkes übertragen wird.

2. In allen technischen Fragen ist sowohl während des Baues als während des Betriebes das Gutachten der technischen Staatsbehörde vorher einzuholen. Eine Einholung des Gutachtens hat, wenn die Verhandlungen von der Aufsichtsbehörde geführt werden, durch diese, andernfalls durch den Ausschuß bzw. dessen Vorsitzenden zu erfolgen.

3. Die Wasserwerksanlage ist stets in einem solchen baulichen Zustande zu erhalten, daß die Wasserversorgung ungeschmälert und dauernd gesichert ist.

4. Die Wasserversorgungsanlage ist alljährlich einmal durch den Vorstand der technischen Staatsbehörde oder dessen Stellvertreter eingehend untersuchen zu lassen.

5. Für jede Gemeinde ist ein Ortswassermeister zu bestellen und demselben eine von der technischen Staatsbehörde zu entwerfende Instruktion zu erteilen, wonach er die richtige Benützung und Instandhaltung der in der Gemarkung befindlichen Anlage zu überwachen hat. Die Ortswassermeister sind kreisamtlich zu verpflichten.

Liquidation.

§ 20.

Im Falle einer Liquidation werden die Liquidatoren vom Großh. Kreisamt Worms ernannt. Über Beschwerden gegen die Bestellung und das Liquidationsverfahren entscheidet Großh. Ministerium des Innern endgültig unter Ausschluß des Rechtswegs.

§ 21.

Streitigkeiten zwischen den Mitgliedern des Vereins untereinander oder mit dem Vereine hinsichtlich aller aus der Zugehörigkeit zum Vereine erwachsenden Rechte und Pflichten werden unter Ausschluß des Rechtswegs von einem Schiedsgericht entschieden. Jeder der Streitteile hat einen Schiedsrichter zu ernennen, welche ihrerseits sich dann über den dritten Schiedsrichter zu einigen haben.

Falls sich beide Schiedsrichter über die Person des dritten Schiedsrichters nicht einigen, so wird derselbe von dem zuständigen Gerichte ernannt.

§ 22.

Abänderungen gegenwärtiger Satzung bedürfen der Genehmigung des Großh. Kreisamts Worms und des Großh. Ministeriums des Innern.

§ 23.

Der Verein tritt an Stelle der am 31. Januar 1905 mit Wirkung vom 23. Dezember 1904 begründeten Gesellschaft für den Bau und Betrieb der Wasserversorgungsanlage für das Seebachgebiet.

Das vorstehende Statut ist seinem Inhalt und seiner Form nach genau den Bestimmungen des Bürgerlichen Gesetzbuches über die Vereine angepaßt. Die Mitglieder des Vereins sind die an der Wasserversorgung beteiligten politischen Gemeinden, die für das aufzunehmende Kapital gemäß § 4 des Statuts solidarisch haften.

Die Bestimmungen über Gewinn und Verlust in § 2, Abs. 3 haben praktischen Wert bei dem in Frage kommenden Wasserversorgungsverbande nicht, da durch das Unternehmen ein Gewinn nicht erzielt werden soll. Der Verband soll vielmehr als gemeinnütziges Unternehmen das Wasser an seine Abnehmer stets zum Selbstkostenpreise abgeben. Die Bestimmungen mußten jedoch im Statut notgedrungen Aufnahme finden, da das Bürgerliche Gesetzbuch dies ausdrücklich vorschreibt.

Der nach § 8 des Statuts zu bildende Ausschuß besteht bei kleineren Verbänden in der Regel aus den Bürgermeistern der beteiligten Gemeinden oder deren gesetzlichen Stellvertretern und zwei vom Gemeinderat gewählten Vertretern. Im vorliegenden Falle begnügte man sich, um keine zu große Körperschaft zu erhalten, mit je einem weiteren Vertreter außer dem Bürgermeister.

Es war verschiedentlich angeregt worden, den einzelnen Gemeinden je nach ihrer Größe eine verschiedene Vertreterzahl zuzubilligen oder doch die einzelnen Gemeindevertreter mit verschiedener Stimmenzahl auszustatten. Man ist auf diese Vorschläge jedoch nicht eingegangen, um den größeren Gemeinden nicht von vornherein ein Übergewicht über die kleineren einzuräumen und um der Möglichkeit vorzubeugen, daß die schwächeren Gemeinden majorisiert werden.

Die Verwaltung und das Rechnungswesen des Verbandes ist, dem Zweck und der Art des Unternehmens entsprechend, im Sinne der Bestimmungen über die Gemeindeverwaltung und das Gemeinderechnungswesen geregelt.

Die gesamte Wasserwerksanlage, einschließlich der Ortsleitung und der Anschlußleitungen nach den Wasser entnehmenden Grundstücken, wird auf Kosten des Verbandes hergestellt, unterhalten und betrieben. Die Wasserabgabe erfolgt nicht an die Vereinsmitglieder (Gemeinden), sondern direkt an die Konsumenten. Das Wasser an die Gemeinden zu verkaufen und diesen es zu überlassen, es an die Abnehmer weiterzugeben, wäre für den Verband wohl einfacher gewesen, aber die rechtlichen Verhältnisse wären dadurch kompliziert geworden. Es hätte der einzelne Abnehmer einmal einen Werkvertrag mit dem Verbande bezüglich seiner Anschlußleitung, die nur dann auf Kosten des Verbandes ausgeführt wird, wenn 5jährige Wasserabnahme garantiert wird, abschließen und ferner mit der Gemeinde einen Wasserlieferungsvertrag eingehen müssen. Die Gemeinde würde dem Abnehmer das in ihrem Eigentum stehende Wasser durch eine in fremdem Eigentum stehende Zuleitung zugeführt haben. Es erscheint nicht ausgeschlossen, daß bei diesem Verfahren unklare und verwickelte Rechtsverhältnisse entstanden wären.

Trotzdem bestand der Wunsch bei den einzelnen Gemeinden, die Wasserabgabe zwischen Verband und Abnehmern zu vermitteln, um durch Erhebung eines höheren als des an den Verband zu entrichtenden Wasserpreises etwas für die Gemeindekasse zu erübrigen. Dieses Verlangen schien dadurch gerechtfertigt, daß der Gemeinde durch die Lieferung des für öffentliche Zwecke erforderlichen Wassers auch Ausgaben erwachsen. Diesen Wünschen wurde in der Weise Rechnung getragen, daß nach § 15 es jeder Gemeinde unbenommen bleibt, zu dem vom Ausschuß festgesetzten Selbstkostenpreis des Wassers einen Zuschlag zugunsten der Gemeindekasse zu erheben. Um Mißbräuchen und einer Ausbeutung der Abnehmer vorzubeugen, ist diese Zuschlagserhebung aber zuvor vom Ausschuß und von der Aufsichtsbehörde zu genehmigen. Der Vollständigkeit halber wurde auch hierbei festgesetzt, daß die Gemeinde, wenn sie will, auch den Wasserpreis für die Abnehmer im Orte ermäßigen und die Differenz gegen den Selbstkostenpreis des Verbandes aus Gemeindemitteln an den Verband entrichten kann. Von dieser Bestimmung wird aber kaum häufig Gebrauch gemacht werden.

4. Zusammensetzung des Verbandsausschusses.

Als Vertreter der einzelnen Gemeinden im Verbandsausschuß wurden die folgenden Herren gewählt:

1. Abenheim	Großh. Bürgermeister	Schreiber,	Gemeinderatsmitglied	Thomas Boxheimer III.
2. Bechtheim	„	„	Geil,	„	Johann Geil I.
3. Bermersheim	„	„	Peth,	„	Georg Bicking.
4. Blödesheim	„	„	Schaffner,	„	Wilhelm Ochs I.
5. Dalsheim	„	„	Müller,	„	Balth. Zimmermann.
6. Dittelsheim	„	„	Deheck,	Herr	Adam Schilling.
7. Frettenheim	„	„	Kiefer,	Gemeinderatsmitglied	Jakob Augustin.
8. Gundheim	„	„	Michel,	„	Ignaz Schreiber.

9. Heßloch	Großh. Bürgermeister	Hahn,	Gemeinderatsmitglied	Heinrich Issel.
10. Mettenheim	„	„	Muth,	„	Johann Reichert.
11. Monzernheim	„	„	Geil,	„	Jakob Gottschall II.
12. Niederflörsheim	„	„	Kleihauß,	„	Peter Hüthwohl.
13. Osthofen	„	„	Konrad,	„	Aron Herzog u. Karl Schill.
14. Pfeddersheim	„	„	Walter (inzwischen verstorben)	„	Ernst Finger (jetzt Bürgermeister)
15. Westhofen	„	„	Orb,	„	Jakob Weinbach II.

Zum ersten Verbandsvorsitzenden wurde Bürgermeister Konrad-Osthofen, zum zweiten Vorsitzenden Bürgermeister Finger-Pfeddersheim, zum dritten Vorsitzenden Bürgermeister Orb-Westhofen und zum Schriftführer Gemeinderatsmitglied Karl Schill-Osthofen gewählt.

Als Verbandsrechner wurde Gemeindeeinnehmer Frey-Osthofen bestellt.

5. Kapitalaufnahme.

Das Baukapital von 1 400 000 M. wurde bei der Hessischen Landeshypothekenbank in Darmstadt unter den folgenden Bedingungen entliehen:

Die Auszahlung des Darlehens erfolgt je nach Bedarf des Verbandes in beliebigen Teilbeträgen, die 1 bis 2 Tage vor dem Zahlungstermin namhaft zu machen sind. Die abgehobenen Teilbeträge sind jeweils vom Auszahlungstage an mit 3,70% zu verzinsen. Das Gesamtdarlehen ist 10 Jahre lang mit 3,70% und für die fernere Darlehensdauer mit 3,625% zu verzinsen. Der Zinsfuß kann nicht erhöht werden. Spätestens vom dritten Jahre an ist das Darlehen mit mindestens $^1/_2$ vom Hundert zu amortisieren, so daß die Schuld in etwa 58 Jahren getilgt ist. Das Darlehen ist für die ganze Dauer des Darlehensverhältnisses unkündbar.

6. Wasserbezugsordnung und Vorschriften für die Ausführung von Privatleitungen.

Der Wasserbezug durch Private und die Ausführung von Privatleitungen im Innern der Grundstücke wurde vom Verbande durch nachstehende Bestimmungen geregelt.

Bestimmungen über den Bezug von Wasser aus der Verbandswasserleitung.

Die Abgabe von Wasser aus der Verbandswasserleitung an Private erfolgt auf Grund nachstehender Bedingungen:

1. Die Herstellung und Unterhaltung der Anschlußleitungen zu den Privatgrundstücken, deren Eigentümer sich spätestens bis zum Tage der Vollendung der Ortsleitung anmelden und sich zur Entnahme von Wasser auf die Dauer von wenigstens 5 Jahren verpflichten, geschieht auf Kosten des Verbandes. Der Verband läßt in diesem Falle auf seine Kosten durch den Unternehmer der Hauptarbeit die Anschlußleitungen vom Hauptrohre ab bis zum Hauptabstell- und Entleerungshahn im Grundstück herstellen.

2. Zum Anbringen des Hauptabstell- und Entleerungshahnes bzw. zur Aufstellung des Wassermessers in den weiter unten bezeichneten Fällen ist dem Verband vom Abnehmer ein leicht zugänglicher, trockener, frostfreier, unterirdischer Raum zur Verfügung zu stellen. Ist kein geeigneter Raum vorhanden, so hat der Abnehmer auf seinem Grundstück auf eigene Kosten einen hinreichend großen, gemauerten, wasserdichten Schacht herstellen zu lassen. Den geeigneten Platz für einen derartigen Schacht bestimmt, nach Anhörung der örtlichen Wasserleitungskommission, der technische Beamte der Kulturinspektion.

Sollte der Abnehmer wünschen, daß der Abstell- und Entleerungshahn an einen anderen Platz als wie bestimmt eingebaut werden soll, so trägt derselbe die entstehenden Mehrkosten.

7*

3. Die Kosten für alle nach obigem Termin zur Anmeldung gelangenden Anschlußleitungen werden von den anschließenden Grundstücksbesitzern zurückerhoben.

In diesen Fällen wird, sei es zugunsten oder ungunsten des Anschließenden angenommen, daß das Hauptrohr in der Mitte der Straße liegt.

4. Für jedes Grundstück ist die Herstellung einer besonderen Anschlußleitung vom Abnehmer zu beantragen.

Die Abgabe von Wasser zum Verbrauch außerhalb des betreffenden Grundstücks an Unberechtigte ist unzulässig und strafbar.

5. Die Abgabe von Wasser aus der Verbandswasserleitung erfolgt durch Wassermesser. Die Grundstückseigentümer haben vorerst bis auf weiteres pro Kubikmeter = (1000 l) 25 Pf. zu bezahlen, mindestens aber den Betrag von 1,00 M. pro Monat als Minimaltaxe.

6. Besondere Gartenanschlüsse erhalten ebenfalls Wassermesser und beträgt die Minimaltaxe jährlich 6,00 M.

7. Bei einer größeren Entnahme als jährlich 200 cbm (den Kubikmeter zu 25 Pf. gerechnet) wird Nachlaß gewährt . . . . 10 %

$$\text{bei mehr als } 500 \text{ cbm } . . . . 20\%$$
$$\text{ }_{,,}\text{ }_{,,}\text{ }_{,,} 1000 \text{ }_{,,} . . . . 30\%$$
$$\text{ }_{,,}\text{ }_{,,}\text{ }_{,,} 10000 \text{ }_{,,} . . . . 40\%$$

8. An Wassermessermiete für einen Monat in den Fällen 6 und 7 werden erhoben:

für einen Messer von 15 mm Durchgangsweite . . . . 0,20 M.
,, ,, ,, ,, 20 ,, ,, ... 0,25 ,,
,, ,, ,, ,, 25 ,, ,, ... 0,30 ,,

Der Verband ist berechtigt, unter Zustimmung der zuständigen Behörden jederzeit diese Bestimmungen abzuändern und sind die Abnehmer den geänderten Bestimmungen unterworfen.

Vorschriften für die Herstellung von Privatleitungen.

§ 1.

Allgemeines.

Die Herstellung der Privatleitungen liegt den Besitzern auf ihre Kosten ob. Die Privatleitung beginnt hinter dem Entleerungshahn, der im Anschluß an den Wassermesser oder an das Wassermesserzwischenstück eingebaut ist. Die Anschlußleitung vom Hauptrohr ab bis einschließlich des Entleerungshahnes wird durch den Verband hergestellt und bleibt Eigentum desselben. Die Privatleitungen können die Grundstücksbesitzer bei jedem tüchtigen Installateur herstellen lassen, doch sind hierbei die nachstehenden Vorschriften pünktlich einzuhalten.

§ 2.

Material der Leitungen.

Die Leitungen sollen, soweit sie im Boden liegen, aus gußeisernen, gut geteerten Röhren von mindestens 40 mm Lichtweite bestehen und 1.50 m tief liegen; im übrigen sind gut galvanisierte Schmiedeeisenröhren mit extra starken Verbindungsstücken (Schweizer Fitting Marke G F) zu verwenden.

Unvollständig verzinkte Röhren und Verbindungteile, oder solche, deren Verzinkung bei der Bearbeitung Not gelitten hat, sind von der Verwendung ausgeschlossen ebenso Bleiröhren.

Die Wandstärken und Gewichte der Röhren sind wie nachstehend zu nehmen.

Gußeisenröhren müssen folgende gleichmäßige Wandstärken und Mindestgewichte (einschl. Muffe) pro lfd. m haben:

Bei 40 mm Lichtweite 10,1 kg und 8 mm Wandstärke,
„ 50 „ „ 12,1 „ „ 8 „ „
„ 60 „ „ 15,2 „ „ 8½ „ „
„ 80 „ „ 19,9 „ „ 9 „ „
„ 100 „ „ 24,4 „ „ 9 „ „

Schmiedeeiserne Röhren müssen mindestens folgende Gewichte und Wandstärken haben:

Bei 10 mm Lichtweite 0,8 kg und 2,4 mm Wandstärke,
„ 13 „ „ 1,25 „ „ 2,7 „ „
„ 20 „ „ 1,8 „ „ 3 „ „
„ 25 „ „ 2,5 „ „ 3,4 „ „
„ 32 „ „ 3,6 „ „ 3,5 „ „
„ 38 „ „ 4,5 „ „ 3,7 „ „
„ 45 „ „ 5,3 „ „ 4,0 „ „
„ 50 „ „ 5,7 „ „ 4,5 „ „

Der ausführende Installateur ist verpflichtet, behufs Untersuchung der betreffenden Teile Proben der Röhre und Armaturen der Großh. Bürgermeisterei auf Verlangen vorzulegen.

§ 3.
Ausführungsvorschriften.

Im Innern der Häuser sollen Leitungen möglichst durch frostfreie Räume und entlang der Zwischenwände, nicht der Umfassungsmauern, geführt werden. In solchen Räumen, in die ein Eindringen des Frostes zu befürchten ist, sind die Leitungen durch Umhüllungen mit schlechten Wärmeleitern sorgfältig zu verwahren. Die Verlegung von Röhren durch Dung- oder Abtrittsgruben ist auf das strengste untersagt, ebenso auch die Führung der Leitung durch Schornsteine. Abzweigleitungen in Waschküchen, Hofräumen und zu Springbrunnen müssen besondere und, wenn keine passende Räume vorhanden sind, in Schächten angebrachte, Absperr- und Entleerungsvorrichtungen erhalten.

Eine direkte Verbindung des Röhrennetzes mit Dampfkesseln und Wasserklosetts ist untersagt. Letztere dürfen nur vermittelst Spülbehälter an die Leitungen angeschlossen werden. Wo Häuser nicht unterkellert oder keine Räume vorhanden sind, um Durchgangshahn, Wassermesserzwischenstück und Entleerungshahn unterzubringen, müssen besondere für das Einsteigen und Ablesen genügend geräumige, vollständig entwässerte und solid abgedeckte Schächte zur Unterbringung derselben angelegt werden. Die Anschlußleitung, der Abstellhahn, der Wassermesser und der Entleerungshahn müssen bei der Ausführung der Privatleitung durch den Installateur behutsam behandelt und dürfen unter keinen Umständen beschädigt, noch einer Änderung unterworfen werden.

Von dem Entleerungshahn soll die Leitung bis zu den Zapfhahnen durchweg Steigung erhalten. Läßt sich dies aus irgend welchen Gründen nicht durchführen, so sind an den entstehenden Höchst- und Tiefpunkten Entlüftungs- bzw. weitere Entleerungshähne anzubringen. Die Verbindung der Röhren wird im allgemeinen durch Muffen bewirkt. Flanschenverbindungen sind nur anzubringen, wo Mauern durchbrochen und die Röhren eingemauert werden und bei unmittelbarem Zusammentreffen der Anschlußleitung mit der Privatleitung hinter dem Entleerungshahn. Die vorkommenden scharfen Krümmungen der Leitungen sind mittels besonderer Bogenstücke herzustellen; nur ganz flache Bögen dürfen aus geraden Stücken kalt gebogen werden. Die Leitungen müssen mit Rohrschellen solide an Wänden und Decken befestigt werden. Das Versenken der Leitungen in den Mauern und das Verputzen derselben ist nicht zulässig.

Hahnen.
§ 4.

Die Durchgangs- und Auslaufhähne müssen nach dem Niederschraubsystem hergestellt sein, das Gehäuse soll aus Messing oder Rotguß von ausreichender Stärke, die Spindel aus Rotguß oder Kanonenmetall bestehen und mit flachgängigem Gewinde versehen sein. Die Auslaufhähne müssen in der Güte denjenigen entsprechen, die unter der Bezeichnung „extra stark" im Handel vorkommen.

Ausgußbecken.
§ 5.

Für jeden Zapfhahn im Innern der Gebäude muß ein Ausgußbecken oder Spülstein mit Abflußrohr vorhanden sein.

Prüfung der Leitung.
§ 6.

Die fertigen Privatleitungen sind vor ihrer Inbetriebnahme durch den ausführenden Installateur im Beisein eines Vertreters des Verbandes oder der Bauleitung mittelst Druckpumpe und Manometer auf mindestens 15 Atmosphären zu prüfen.

Zeigen sich bei der Probe Undichtigkeiten, so wird die Inbetriebsetzung der Leitung nicht früher zugelassen, bis die Fehler beseitigt sind und die Leitung den vorgeschriebenen Druck aushält.

Die Preßpumpe nebst Zubehör ist von dem Installateur, der die Leitung hergestellt hat, zur Verfügung zu stellen.

7. Arbeitsvergebung und Verzeichnis der ausführenden Firmen.

Die Erd- und Eisenarbeiten samt den erforderlichen Lieferungen zur Herstellung der Rohrleitungen sowie die Steinhauer- und Zementarbeiten zur Ausführung der Hochbehälter wurden schon Ende Dezember 1904 in öffentlicher allgemeiner Submission ausgeschrieben.

Die Eröffnung der eingelaufenen Angebote erfolgte am 23. Januar 1905 und hatte folgendes Ergebnis:

a) Angebote auf Erd- und Eisenarbeiten.

Ordn.-Nr.	Namen	Wohnort	Bei Verwendung von	
			Mannesmannröhren M.	verstärkt. Gußröhren M.
1	C. F. A. Gerling	Altona	718 863,86	722 755,49
2	Südd. Wasserwerke A.-G. . .	Frankfurt a. M.	757 602,21	797 819,25
3	Oltsch & Cie.	Zweibrücken	771 705,70	753 969,70
4	Ed. Kölwel Nachf.	„	781 491,80	781 491,80
5	Jakob Nohl	Darmstadt	797 675,45	797 675,45
6	Heckel & Nonweiler	Saarbrücken	819 583,75	828 313,75
7	Deutsche Bohr- und Tiefbaugesellschaft	Darmstadt	822 437,93	826 922,58
8	W. Schröder	Düsseldorf	825 823,73	
9	Krutina & Möhle	Malstatt	839 992,27	860 896,70
10	Wilh. Alber	Feuerbach	863 514,50	861 901,85
11	O. Smreker	Mannheim	865 849,90	905 191,20
12	Karl Franke	Bremen	870 088,15	
13	Krautwurst	Hameln	879 855,53	889 151,98
14	Panse	Wetzlar	903 221,61	897 626,84
15	Gebr. Huth	Worms a. Rh.	906 283,65	883 563,40
16	Niedermayer & Kötzel	Stettin	906 749,46	926 372,81
17	A.-G. für Hoch- und Tiefbau .	Frankfurt a. M.	930 076,27	978 470,38
18	Mennicke Nachf.	Dresden	940 595,46	955 681,46
19	Rhein. Wasserwerksgesellschaft	Deutz	975 559,55	970 793,02
20	Lauterbach	Leipzig	993 805,30	986 553,20
21	Hoffmann	Berlin	994 943,30	
22	Hacke & Hartwig	Hannover	1 097 219,45	1 103 309,15

b) Angebote auf Betonarbeiten.

Ordn.-Nr.	Namen	Wohnort	Betrag in Mark
1	Pfannebecker & Walter	Worms	113 776,09
2	Krutina & Möhle	Malstatt	116 848,28
3	Fischer	Gustavsburg	117,174,00
4	Frd. Zucker	Worms	117 867,90
5	Ant. Barabandi	Worms	119 880,69
6	Joh. Odorico	Dresden-Frankfurt {	121 239,33 117 168,50
7	W. Stark	Neunkirchen	123 418,90
8	Ludw. Mattern	Neustadt a. d. H.	125 944,95
9	John Huth	Worms	126 900,06
10	Schlüter	Dortmund	128 602,68
11	Oltsch & Cie.	Zweibrücken	128 814,32
12	Baumhold & Cie.	Hildesheim	129 975,53
13	Karl Lucht	Worms	130 483,50
14	Drenkhahn & Sudhop	Braunschweig	131 823,60
15	Marx Richter	Leipzig	133 969,21
16	Paul Schmidt	Worms	134 144,80
17	Huber	Frankenthal	137 911,95
18	Dücker & Cie.	Düsseldorf	139 748,24
19	Allgem. Hochbaugesellschaft . .	Düsseldorf	141 604,05
20	Adolf Groh	Kastel	142 128,19
21	Mees & Neeß	Karlsruhe	145 090,16
22	Zementwarenfabrik	Hildesheim	153 410,03
23	A.-G. für Hoch- und Tiefbau . .	Frankfurt	184 365,26

Den Zuschlag für die Erd- und Eisenarbeiten erhielten die Firma Oltsch & Cie in Zweibrücken mit einem Angebot von

M. 771 705 (bei M. 901 000 Voranschlagshöhe)

und für die Betonarbeiten die Firma Pfannebeker & Walter in Worms mit einem Angebot von

M. 113 776 (bei M. 121 480 Voranschlagshöhe.)

Die Vergebung der übrigen Arbeiten erfolgte im Laufe des Frühjahres an folgende Firmen:

1. Pumpwerk: Gasmotorenfabrik Deutz in Köln-Deutz,
2. Pumpwerksgebäude: Konrad, Osthofen,
3. Brunnenanlage: Brechtel, Ludwigshafen,
4. Wassermesserlieferung: Bopp & Reuther, Mannheim,
5. Wasserstandsfernmelder und Telephonanlage: Mitteldeutsche Telephongesellschaft, Frankfurt a. M.,
6. Elektr. Beleuchtungsanlage: Allgemeine Elektrizitätsgesellschaft, Filiale Mainz,
7. Eiserner Dachbinder: Hausen & Cie., Wiesbaden.

8. Beginn und Vollendungstermin der einzelnen Arbeiten.

Objekt	Beginn	Vollendung
1. Brunnenanlage	Monat Mai 1905	Monat Oktober 1905
2. Rohrlegungsarbeiten	„ April 1905	„ Mai 1906
3. Hochbehälter	„ April 1905	„ Mai 1906

4. Pumpwerksgebäude	Monat August 1905	Monat Mai 1906
5. Maschinenanlage	„ Februar 1906	„ Mai 1906
6. Wasserstandsfernmelder und Telephonanlage „	März 1906	„ Juni 1906
7. Elektrische Beleuchtungsanlage . . . „	April 1906	„ Juni 1906

Der gesamte Bau wurde in 13 Monaten vollendet. Am 6. Juni wurde das Pumpwerk zum ersten Mal in Betrieb gesetzt und in den Behälter Osthofen gepumpt. In den folgenden Wochen erfolgte die Inbetriebsetzung der einzelnen Ortsleitungen nach gründlicher Spülung sämtlicher Rohrleitungen und Behälter.

ÜBERSICHTSKARTE.

KARTE
der Provinz
RHEINHESSEN

Maßstab

Gruppe VII.

Gruppe IV.
Selz =
Wiesbachgebiet.

Gruppe II.
Bodenheimergebiet.

Gruppe I.

Gruppe V.
Rhein-Selzgebiet.

Gruppe VI.

Gruppe III.
Seebachgebiet.

Druck von R. Oldenbourg in München.

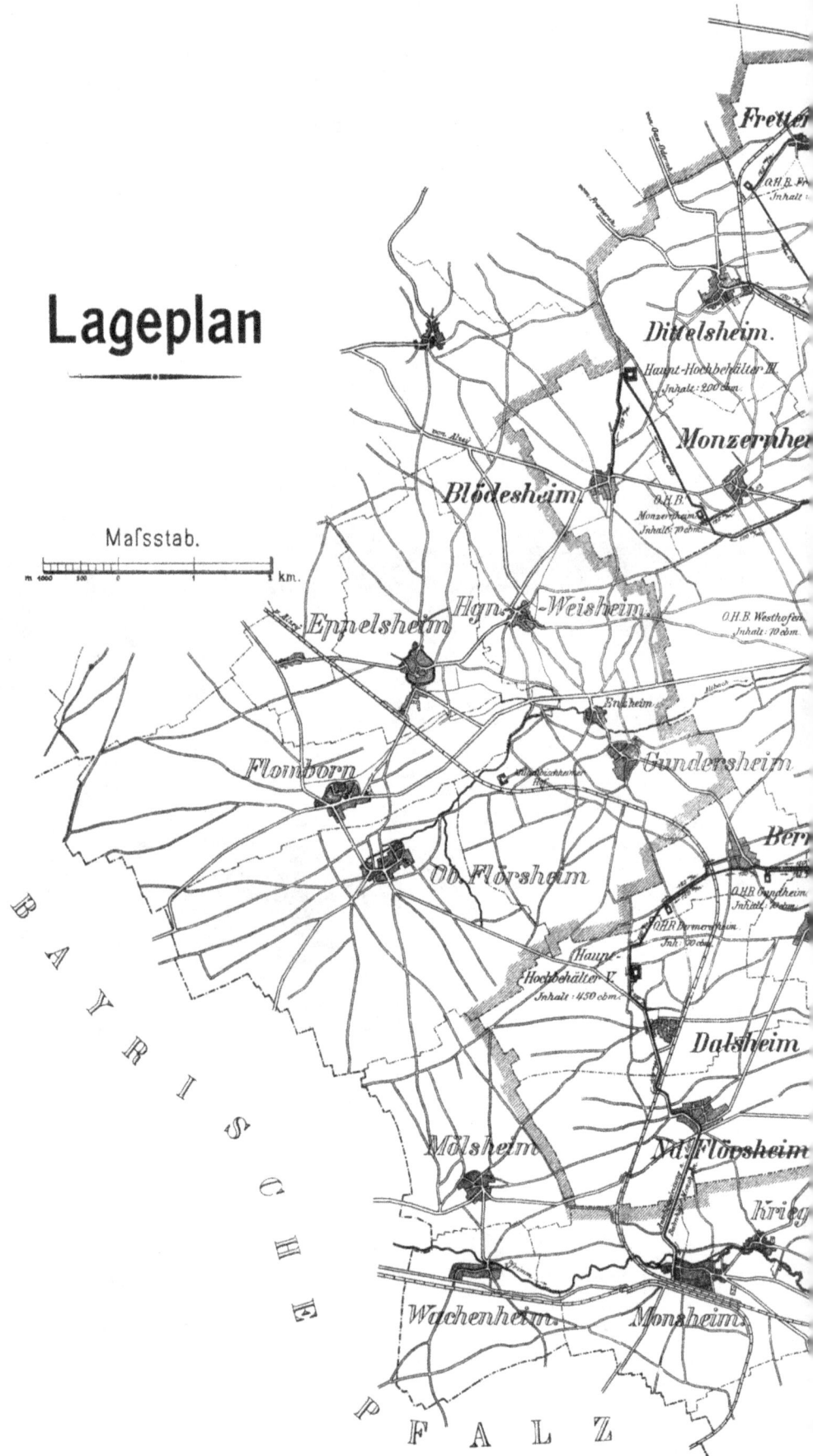

Lageplan

Maſsstab.

Fretter

Dittelsheim.

Haupt-Hochbehälter III
Inhalt: 200 cbm.

Monzernher

Blödesheim.

O.H.B.
Monzernheim
Inhalt: 10 cbm.

Eppelsheim

Hang. -Weisheim.

O.H.B. Westhofen
Inhalt: 10 cbm.

Erbheim

Flomborn

Gundersheim

Ob. Flörsheim

Ber

O.H.B. Gundheim
Inhalt: cbm.

O.H.B. Dermerheim
Inh. 90 cbm.

Haupt-
Hochbehälter V.
Inhalt: 450 cbm.

Dalsheim

Mölsheim

Nd. Flörsheim

Krieg

Wachenheim.

Monsheim.

B A Y R I S C H E

P F A L Z

verlag von R. OLDENBOURG, München und Berlin.

Nord

Mettenheim.

O.H.B.
Mettenheim
Inhalt: cbm.

Sandhof.

hälter II.

Haupt-Hochbehälter I.

Inhalt: 200 cbm.

Bechtheim.

Müchenhäuser Hof.

Rhein-
Dürkheim.

Osthofen.

Pumpwerk.

Mühlheim.

ofen.

Brunnen.

O.H.B. Osthofen.

Anlage.

Inhalt: 300 cbm.

R
H
E
I
N
S
T
R
O
M

O.H.B. Abenheim.

Inhalt: 160 cbm.

Abenheim.

Herrnsheim.

Inh: 140 cbm.

Haupt-Hochbehälter IV.

O.H.B. Pfeddersheim.

Leiselheim.

Inhalt: 110 cbm.

Hochheim.

ddersheim.

Pfiffligheim.

Erklärung:

▦▦▦	Verbandsgrenze,
	Sitz des Verbandes ist Osthofen,
O.H.B.	Ortshochbehälter,
S R	Rohrleitungen mit Rück-
	schlagklappe u. Schieber,
	Projektierte Rohrleitungen

Lith. Anst. F. Reichhold, München

v. Boehmer,
Die Wasserversorgung des Seebach-Gebietes.

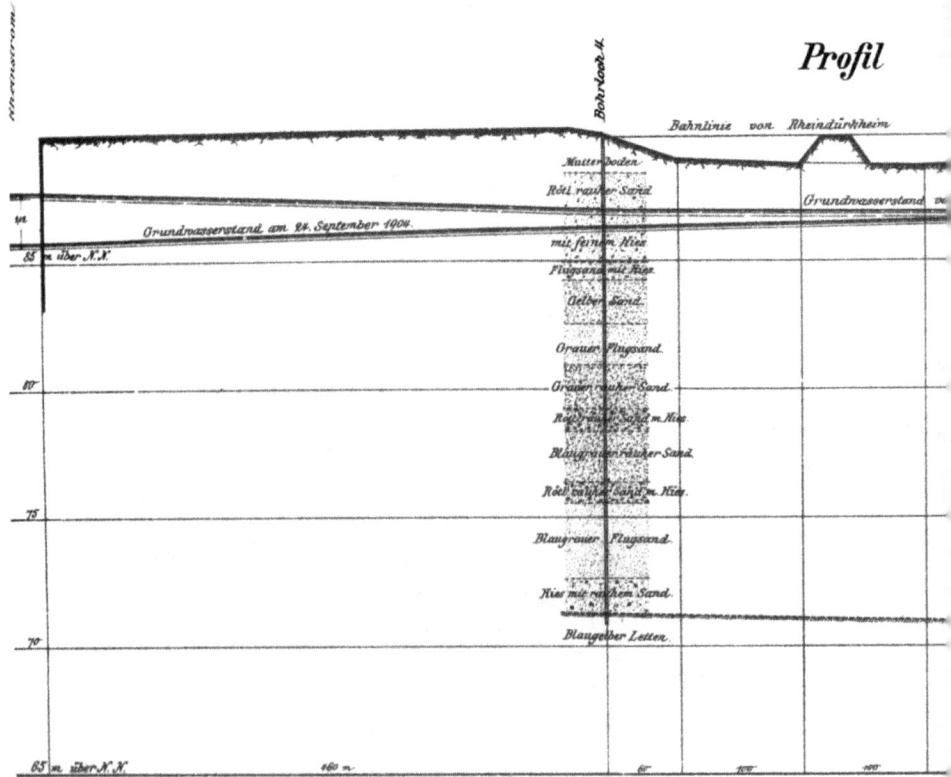

Profil

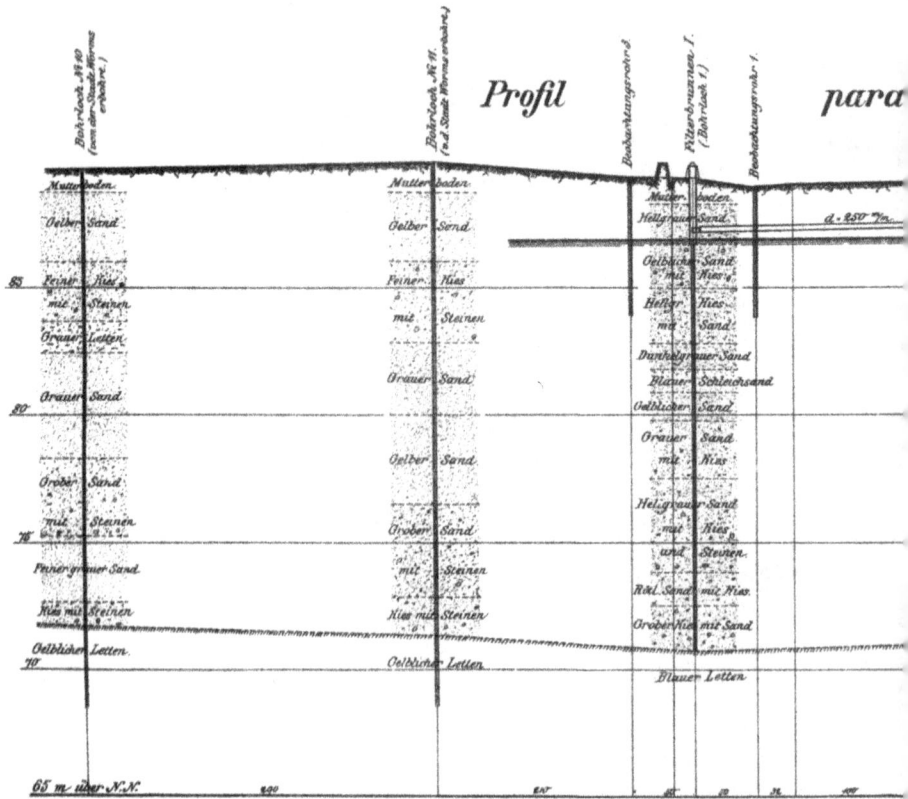

Profil *para*

der Längen:

verlag von R. OLDENBOURG, München und Berlin.

Gemarkung Osthofen.

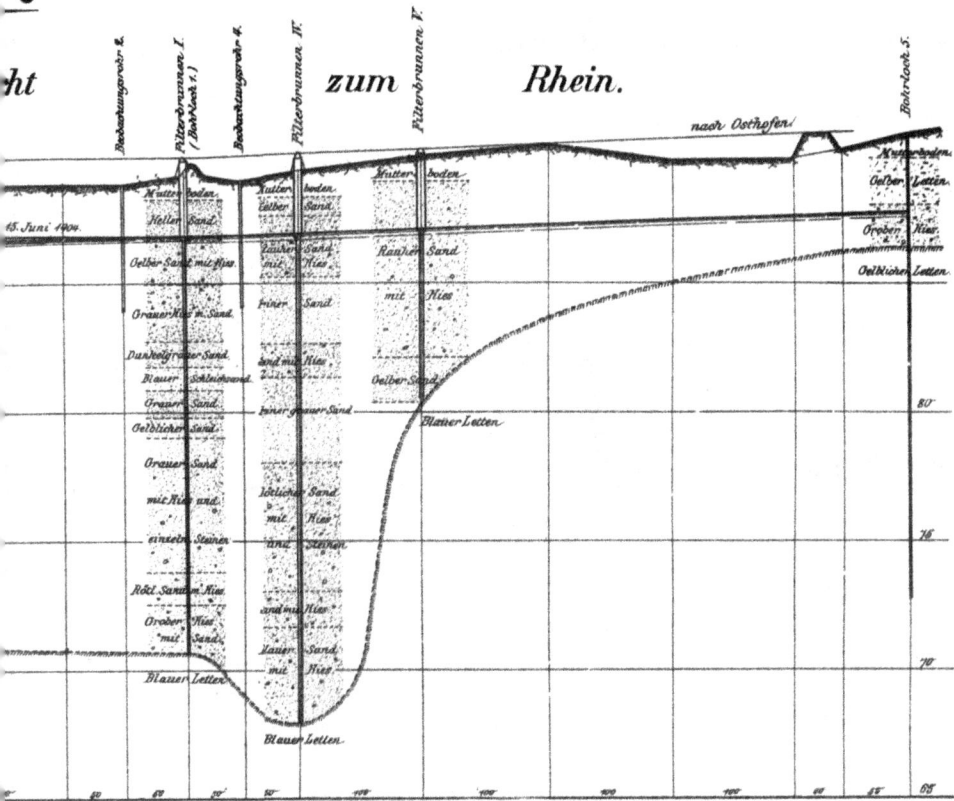

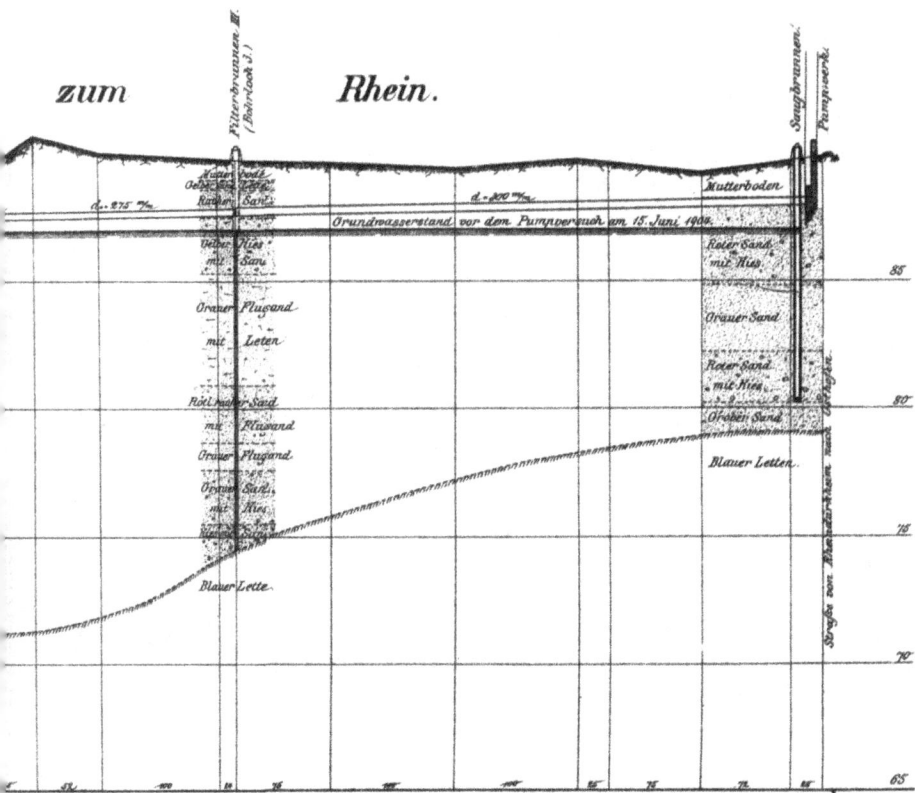

...sgebiet.

...ht   zum   Rhein.

nach Osthofen

Beobachtungsrohr 2.
Filterbrunnen I. (Bohrloch 2.)
Beobachtungsrohr 4.
Filterbrunnen II.
Filterbrunnen V.
Bohrloch 5.

15. Juni 1900.

Mutterboden
Roller Sand.
Oelber Sand mit flus.
Grauer Kies u. Sand.
Dunkelgrauer Sand.
Blauer Schleimsand.
Grauer Sand.
Oeblicher Sand.
Grauer Sand
mit Kies und
einzeln Steinen
Rökl Sand u. Kies
Grober Kies mit Sand.
Blauer Letten

Mutterboden
Oelber Sand.
Rauher Sand mit Kies.
Feiner Sand.
Sand mit Kies
Oeblicher Sand mit Kies und Steinen
Sand mit Kies.
Rauher Sand mit Kies.
Blauer Letten.

Mutterboden
Rauher Sand
mit Kies
Oelber Sand.
Feiner grauer Sand.
Blauer Letten.

Mutterboden.
Oelber Letten.
Grober Kies.
Oelblichen Letten.

80
76
70

65

---

zum   Rhein.

Filterbrunnen III. (Bohrloch 3.)
Saugbrunnen.
Pumpwerk.

d. 275 %
Gelber Sand.
Rauher Sand.
Gelber Kies mit Sand.
Grauer Flugsand mit Letten.
Röthlicher Sand mit Flugsand.
Grauer Flugsand.
Grauer Sand mit Kies.
Blauer Lette.

d. 200 %
Grundwasserstand vor dem Pumpversuch am 15. Juni 1900.

Mutterboden
Roter Sand mit Kies
Grauer Sand
Roter Sand mit Kies
Grober Sand
Blauer Letten.

Straße von Mannsheim nach Worms.

85
80
76
70
65

der Höhen.

Geländehöhe am Brunnen = 89,43 m.

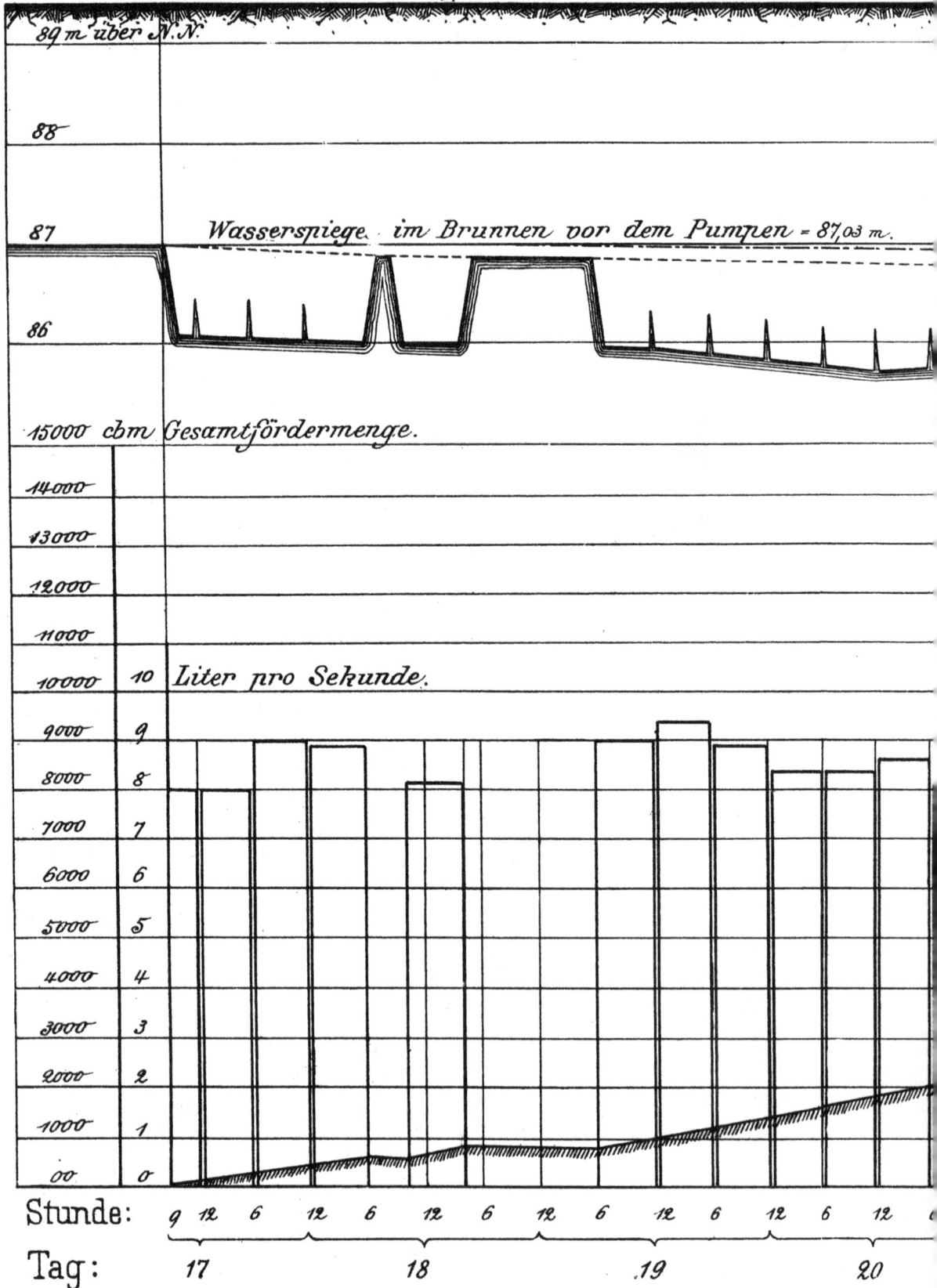

89 m über N.N.

88

87   Wasserspiegel im Brunnen vor dem Pumpen = 87,03 m.

86

15000 cbm Gesamtfördermenge.

14000

13000

12000

11000

10000   10 Liter pro Sekunde.

9000   9

8000   8

7000   7

6000   6

5000   5

4000   4

3000   3

2000   2

1000   1

00   0

Stunde: 9 12 6 12 6 12 6 12 6 12 6 12 6 12

Tag: 17   18   19   20

Verlag von R. OLDENBOURG, München und Berlin.

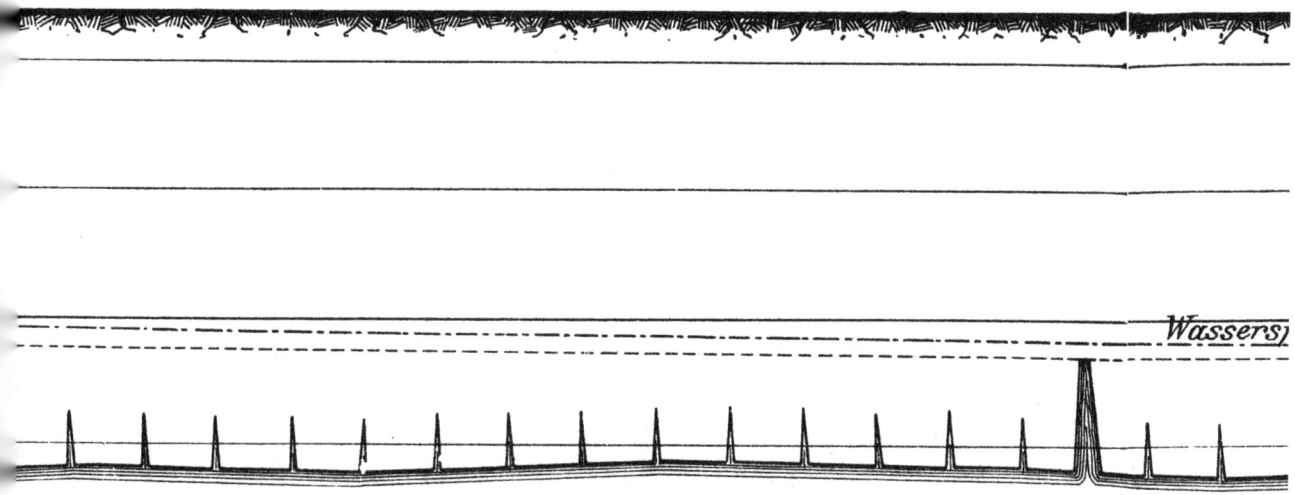

Wassersp

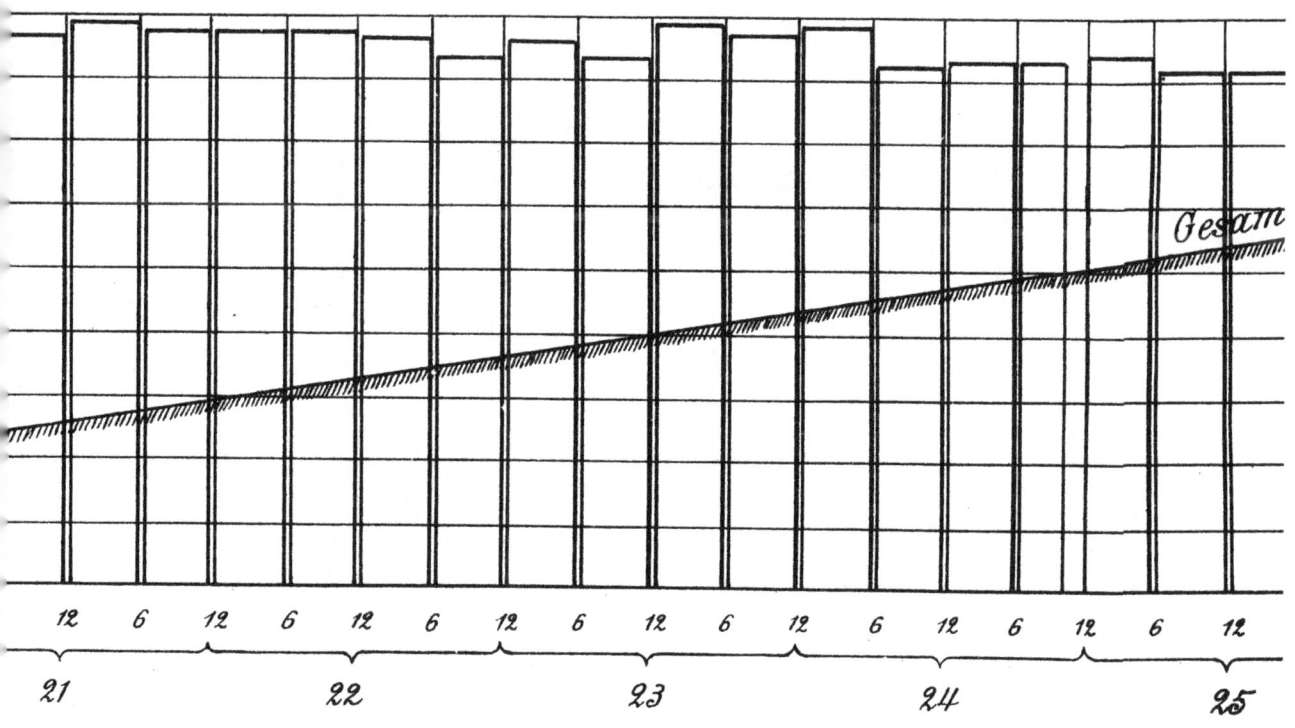

Gesam

12	6	12	6	12	6	12	6	12	6	12	6	12	6	12	6	12

21 22 23 24 25

…iegel in den Beobachtungsröhren 5, 6, 7 u. 8 (gemittelt.)

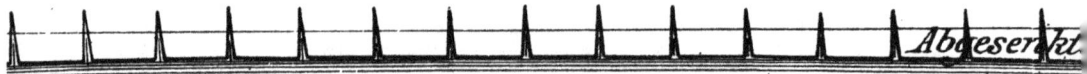

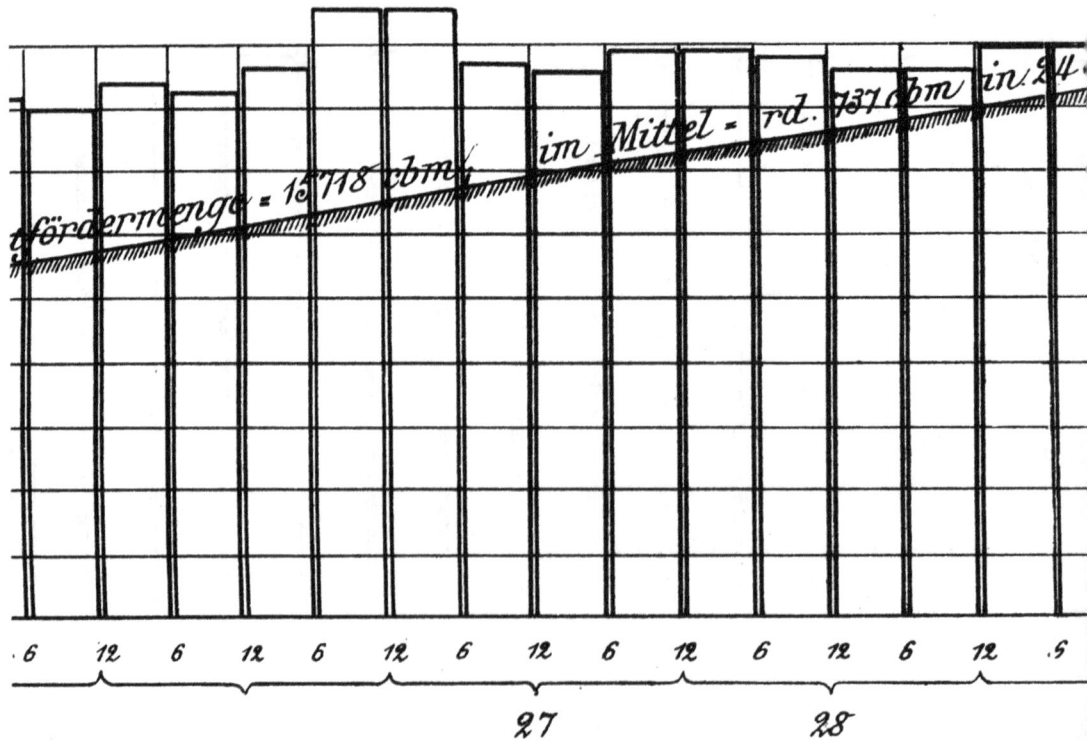

Abgesenkt

…fördermenge = 15718 cbm im Mittel = rd. 737 cbm in 24…

6	12	6	12	6	12	6	12	6	12	6	12	6	12	6

27   28

Wasserspiegel in den Beobachtungsröhren 1, 2, 3 u. 4 (gemittelt).

Brunnenwasserspiegel.

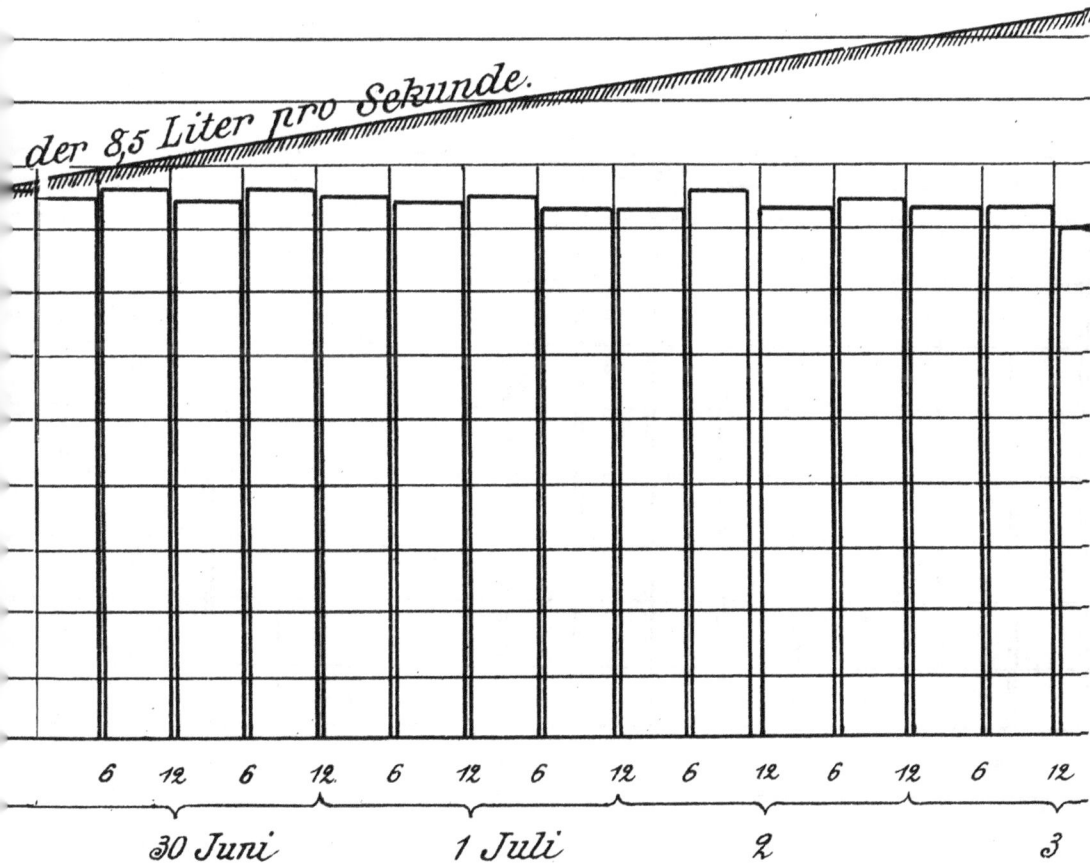

der 8,5 Liter pro Sekunde.

| | 6 | 12 | 6 | 12 | 6 | 12 | 6 | 12 | 6 | 12 | 6 | 12 | 6 | 12 |

| 30 Juni | 1 Juli | 2 | 3 |

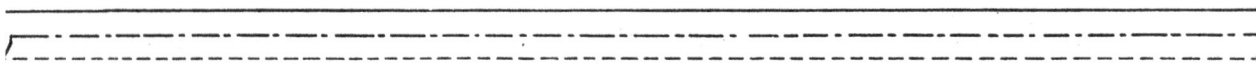

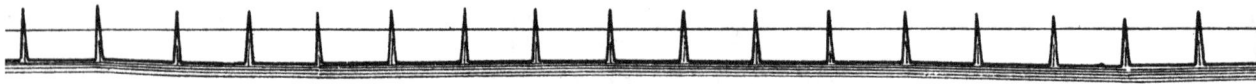

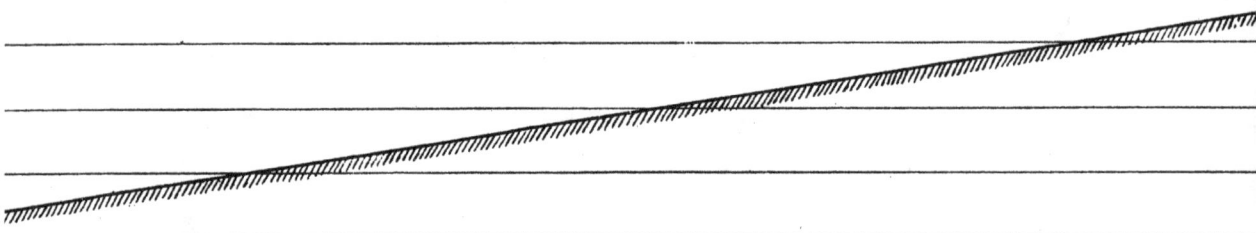

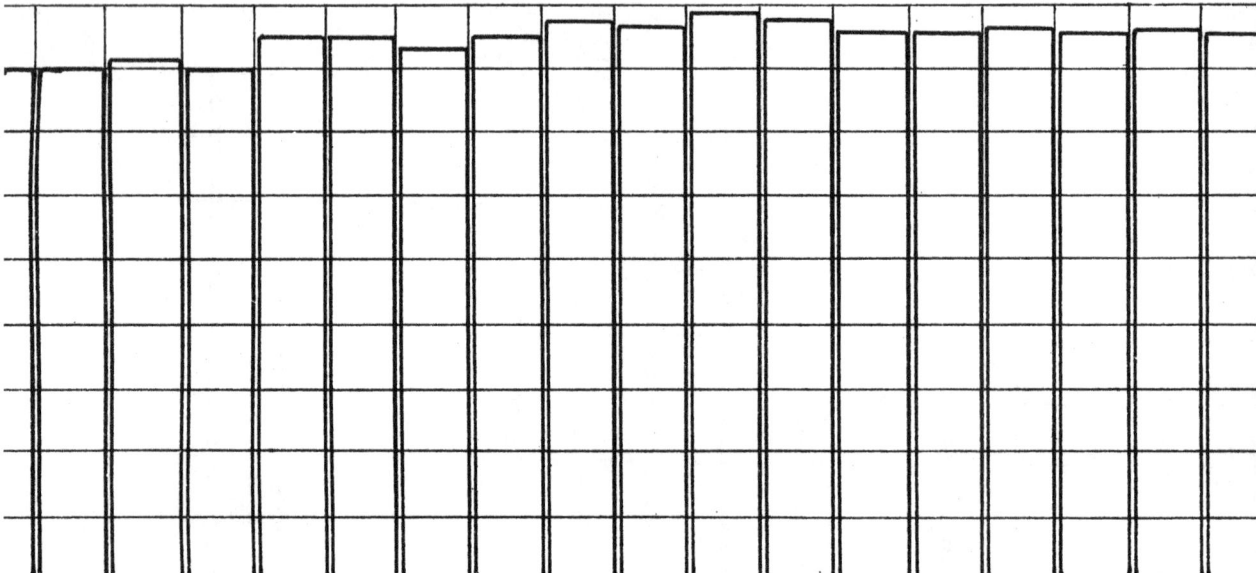

Geländehöhe am Brunnen = 89,43 m.

89 m über N.N.

88

…erspiegel im Brunnen vor dem Pumpen = 87,03 m.   87

Wasserspiegel im Brunnen nach dem Pumpen.

86

15000 cbm *Gesamtfördermenge.*   85 m über N.N.

14000

13000

12000

11000

10000   10 *Liter pro Sekunde.*

9000   9

8000   8

7000   7

6000   6

5000   5

4000   4

3000   3

2000   2

1000   1

00   0

12   6   12   6   12   6   12

8   *9 Juli 1904.*

Lith. Anst. F. Reichhold, München.

Lageplan

des

Wasserfassungsgebietes mit Pumpwerk und Brunnen.

Verlag von R. OLDENBOURG, München und Berlin.

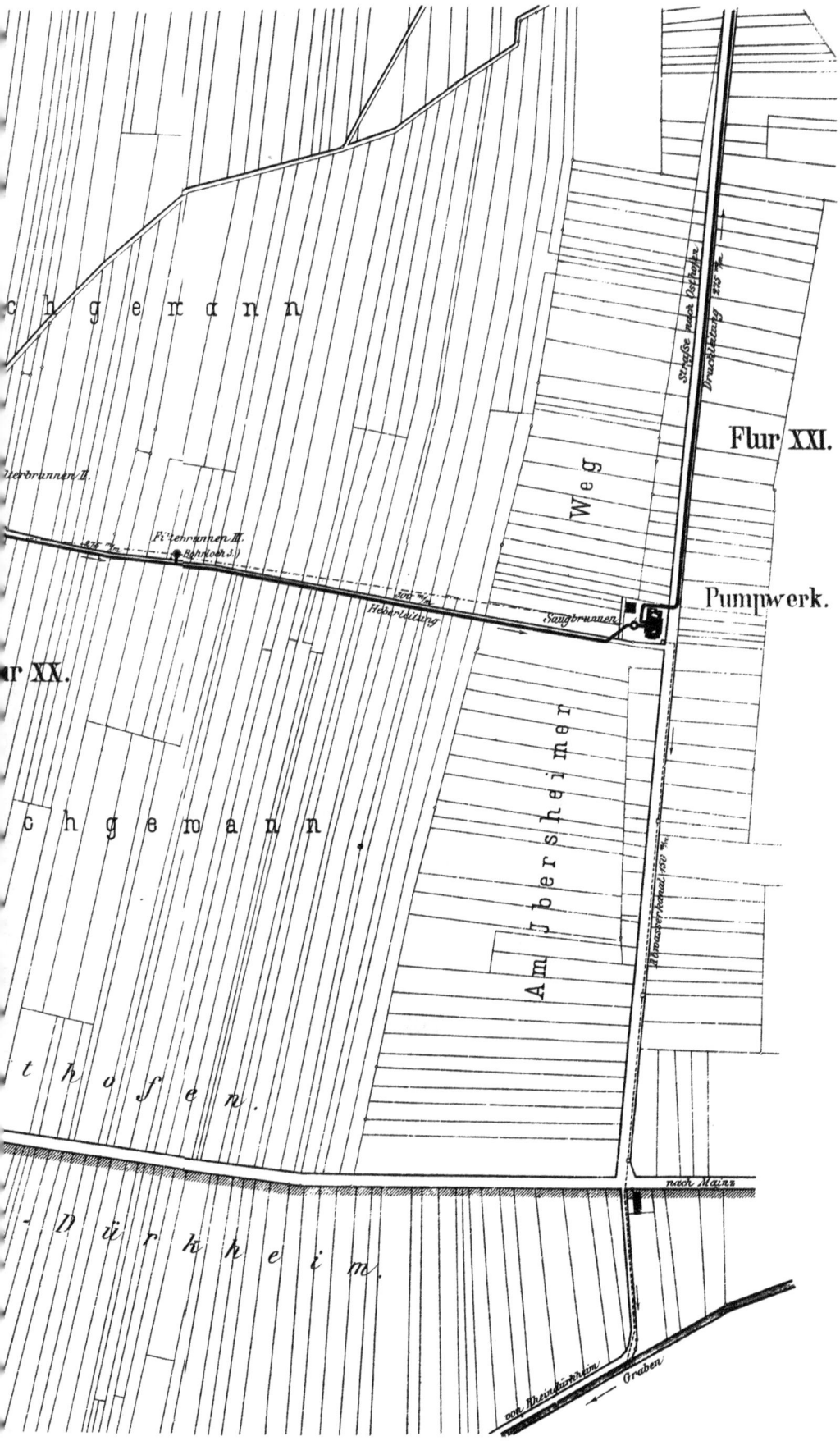

chgemann

Uterbrunnen II.

Filterbrunnen III.

Bohrloch J.)

Weg

Flur XXI.

Heberleitung

Saugbrunnen

Pumpwerk.

r XX.

chgemann.

Am Ibersheimer

Druckleitung

Straße nach Osthofen.

Hochwasserkanal

nach Mainz

thofen.

- Dürkheim.

von Rheindürkheim

Graben

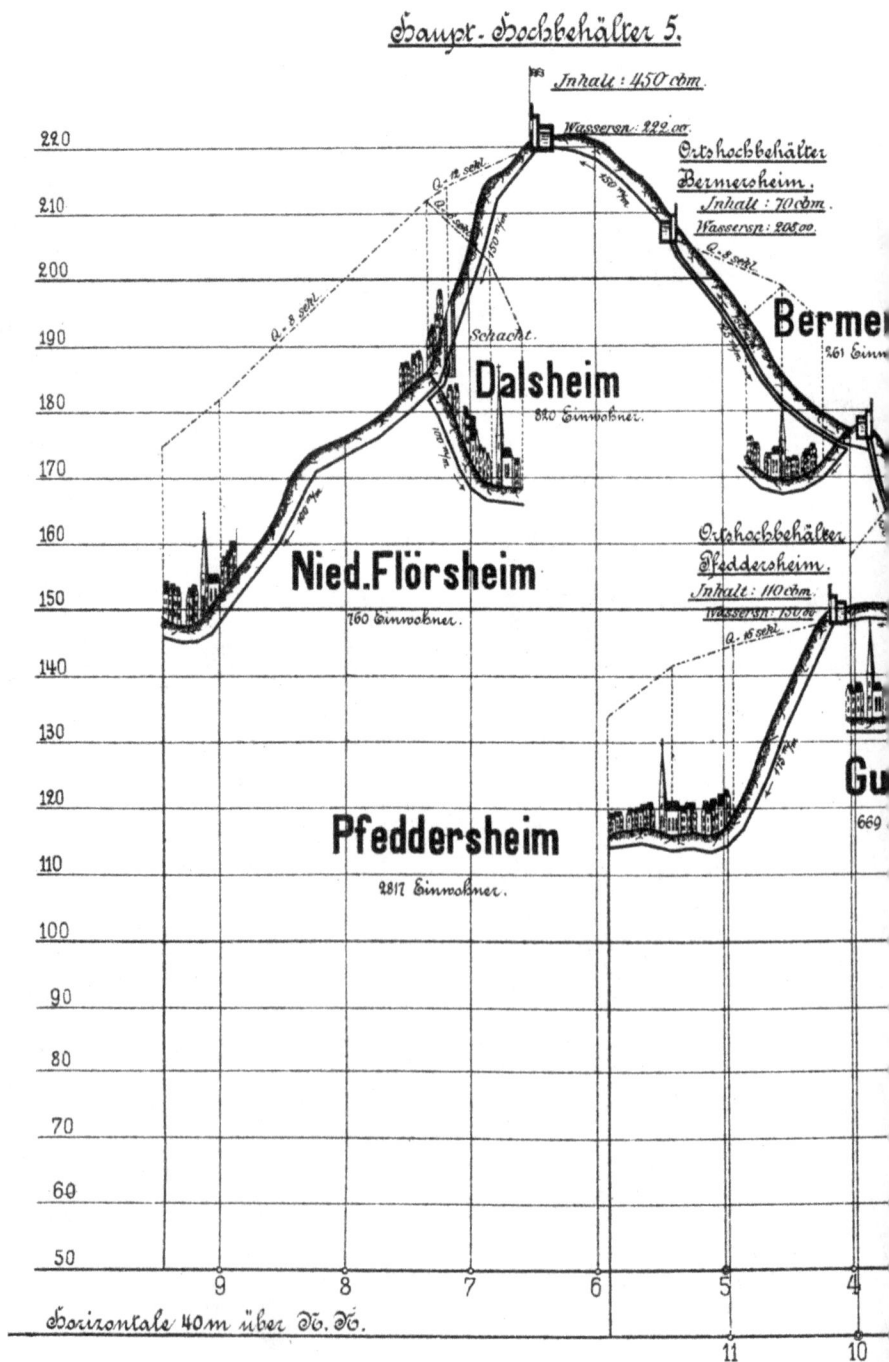

Haupt-Hochbehälter 5.

Inhalt: 450 cbm.

Wasserspn: 222.00.

Ortshochbehälter Bermersheim.
Inhalt: 70 cbm.
Wasserspn: 208.00.

Berme

Dalsheim
820 Einwohner.

Nied. Flörsheim
760 Einwohner.

Ortshochbehälter Pfeddersheim.
Inhalt: 110 cbm.
Wasserspn: 150.00.

Pfeddersheim
2817 Einwohner.

Gu

Horizontale 40m über N. N.

Verlag von R. OLDENBOURG, München und Berlin.

HÖHENP

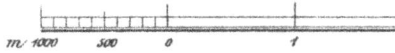

Längenmaßsta[b]

m 1000   500   0   1

Inh: 70 cbm.

...chbehälter 4.

...alt: 240 cbm.

...rsp: 155,00.

Ortshochbehälter
Abenheim.
Inhalt: 160 cbm.

Wasserspn: 143,90

Ortshochbehälter
Osthofen.
Inhalt: 300 c...

Wasserspn: 127,90

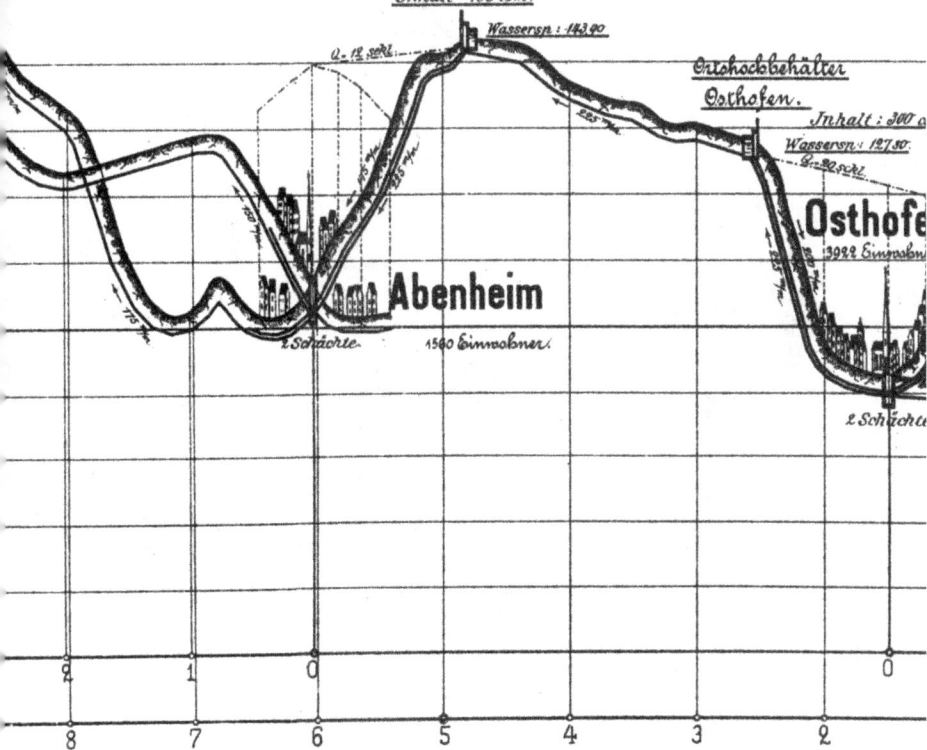

Osthofe[n]
3922 Einwohner

Abenheim

2 Schächte.
1560 Einwohner.

2 Schächte.

8   7   6   5   4   3   2

LAN

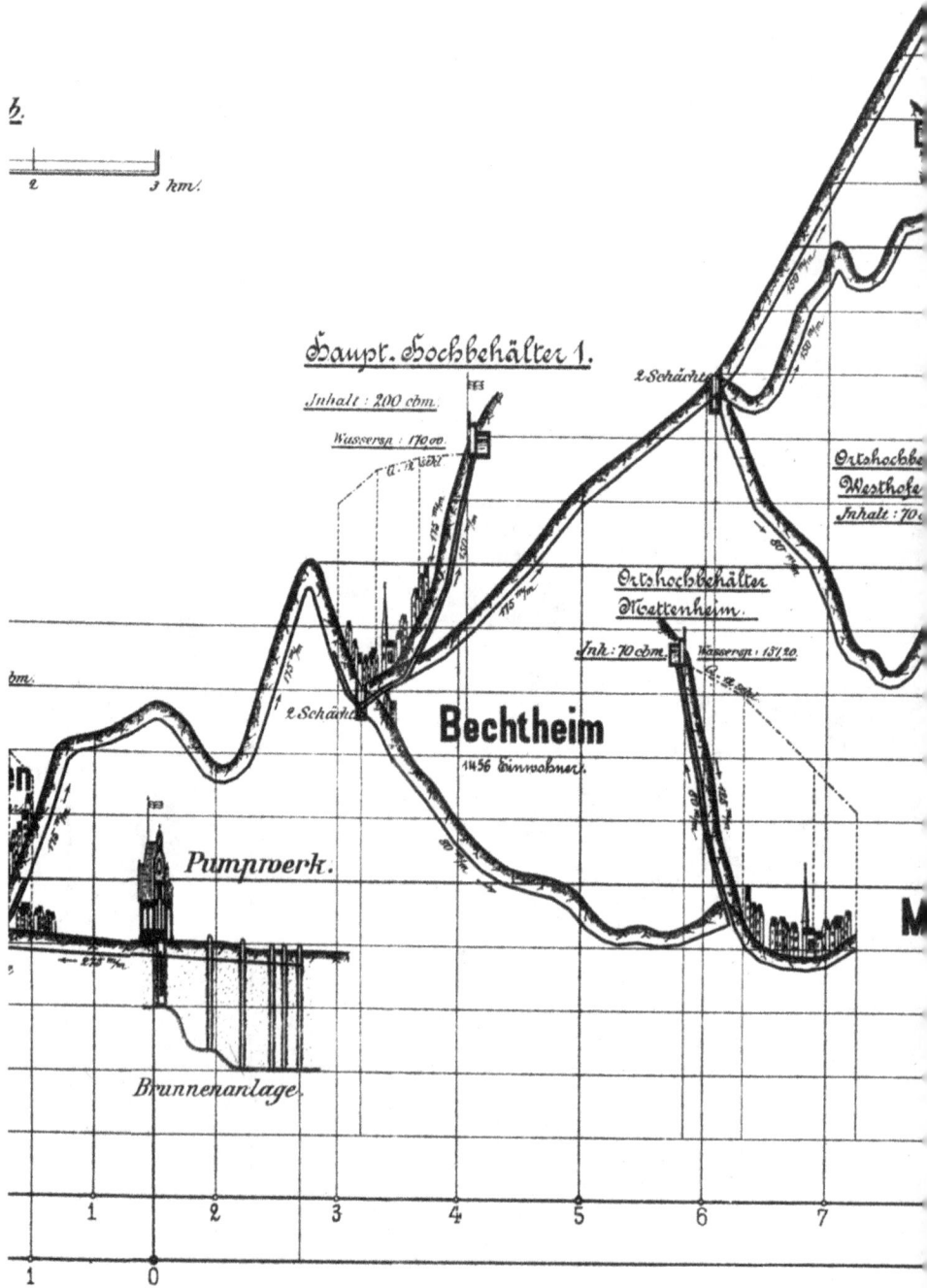

_b._

2   3 _km._

Haupt. Hochbehälter 1.

Inhalt : 200 cbm.

Wassersp. 170.00.

2.Schächte

Ortshochbe
Westhofe
Inhalt : 70 c

Ortshochbehälter
Mettenheim.

Inh: 70 cbm.   Wassersp. 151.20.

2.Schächte

Bechtheim

1456 Einwohner.

Pumpwerk.

Brunnenanlage.

1   2   3   4   5   6   7

1   0

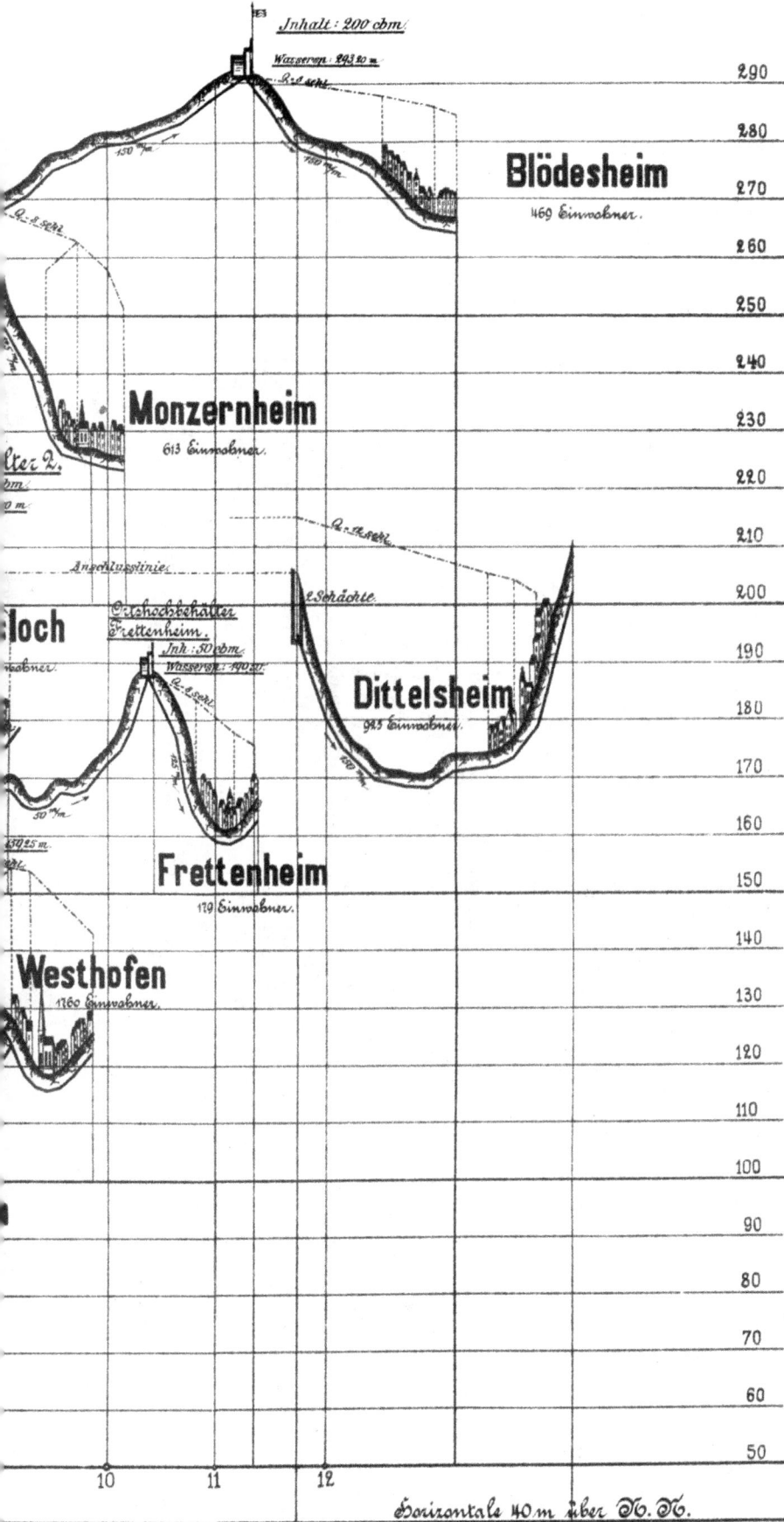

Haupt-Hochbehälter 3.

Tafel VI.

Inhalt: 200 cbm.

Wasserspg. 293.20 m.

290

280

Blödesheim

270

469 Einwohner.

260

250

240

Monzernheim

230

613 Einwohner.

220

...ter 2.

210

Anschlusslinie.

200

...loch

Ortshochbehälter
Frettenheim.
Inh.:50 cbm.
Wasserspg.:190.20 m.

190

Dittelsheim

180

925 Einwohner.

170

160

150

Frettenheim

179 Einwohner.

140

Westhofen

130

1260 Einwohner.

120

110

100

90

80

70

60

50

10   11   12

Horizontale 40 m über N. N.

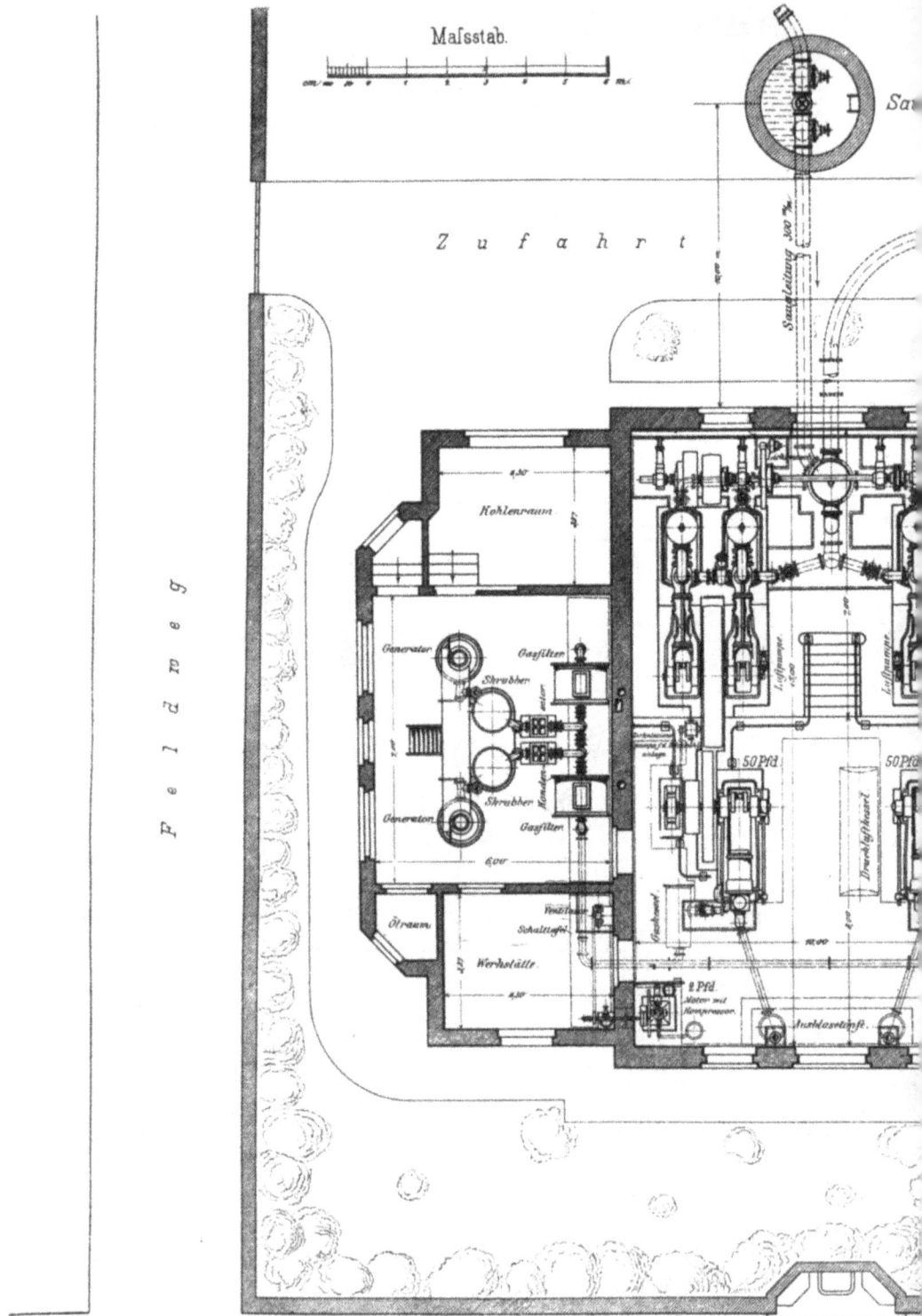

Maſsstab.

Z u f a h r t

F e l d w e g

Kohlenraum

Generator

Gasfilter

Skrubber

Skrubber

Generator

Gasfilter

Ölraum.

Werkstätte

Schalttafel

50 Pfd.

50 Pfd.

Strafse nac

Verlag von R. OLDENBOURG, München und Berlin.

Druckleitung 275 ᵐ/ₘ →

Verwaltungszimmer.

Küche.

Zimmer.

Telephon.

Vorplatz.

Zimmer.

Zimmer.

Eingang

s mit Maschinenanlage.

Lith. Anst F. Reichhold, München.

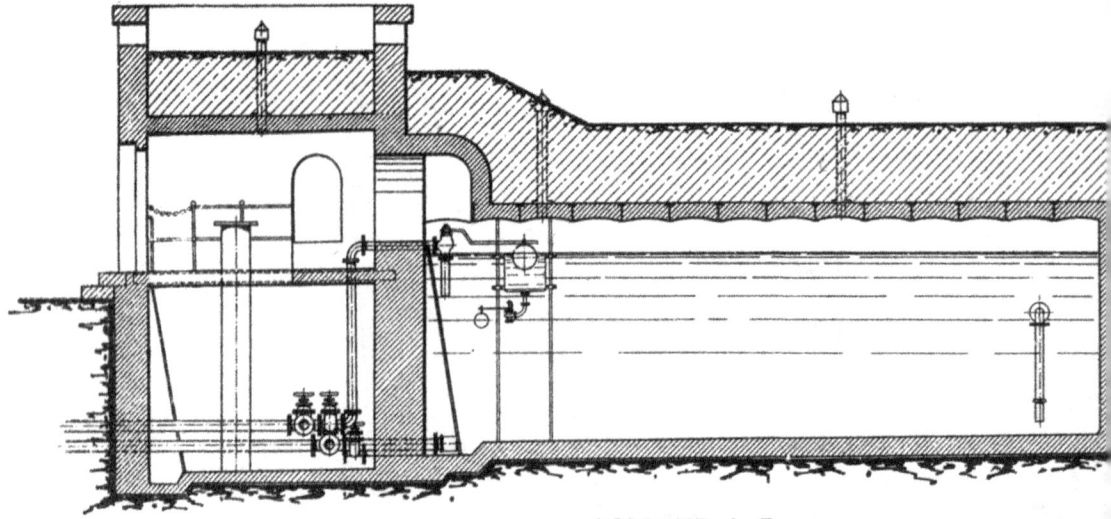

SCHNITT A-B.

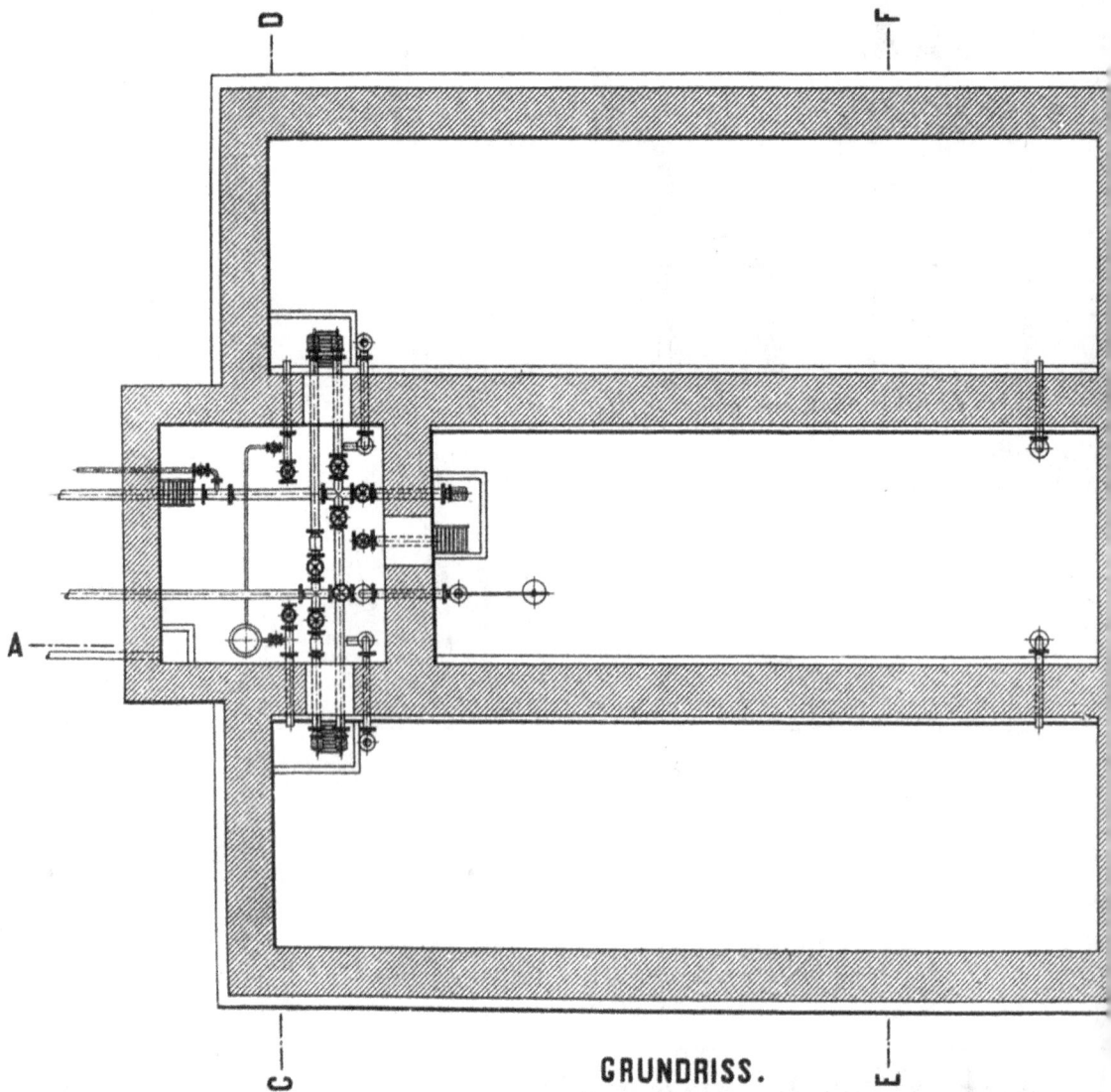

GRUNDRISS.

Verlag von R. OLDENBOURG, München und Berlin.

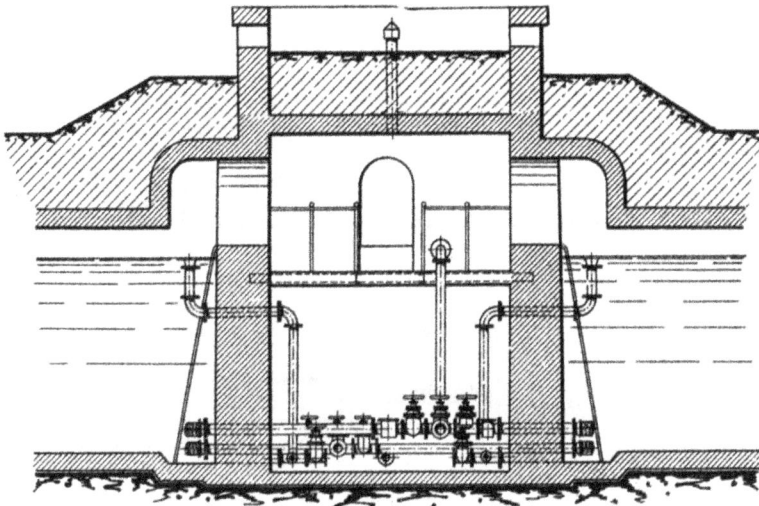

SCHNITT C-D.

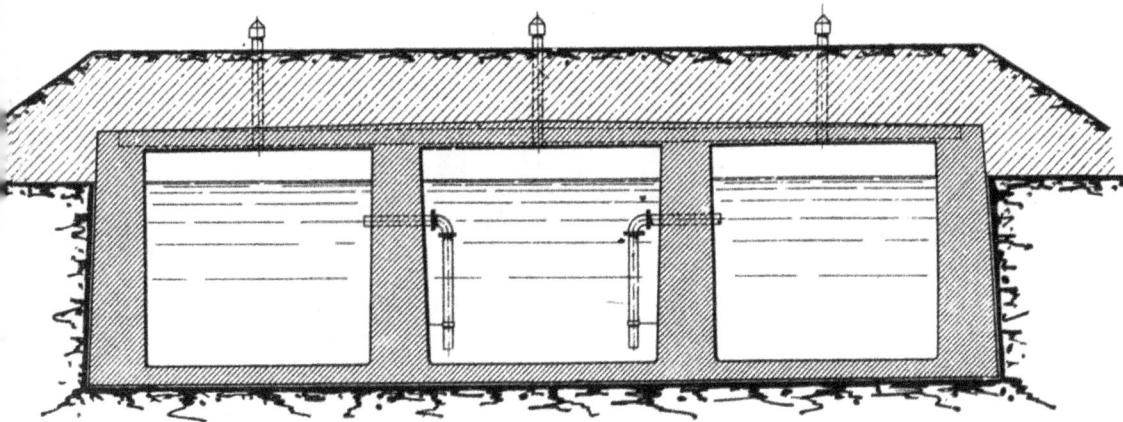

SCHNITT E-F.

Maſsstab.

Lith. Anst. F. Reichhold, München

Ortsh

A

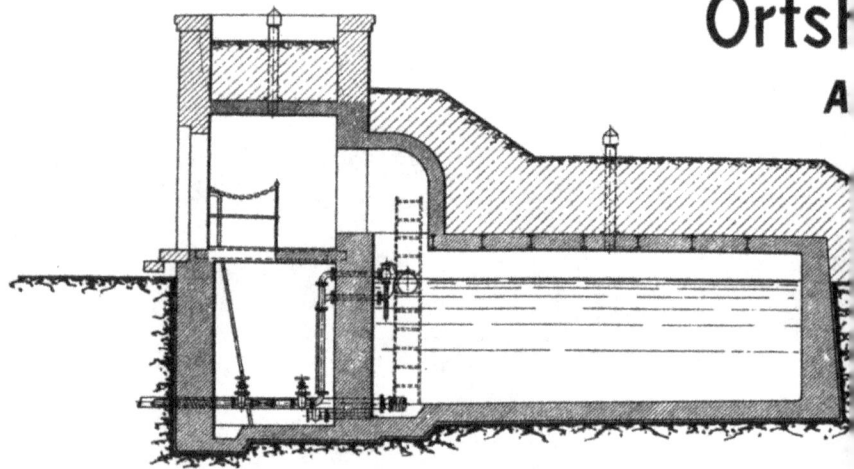

SCHNITT A-B.

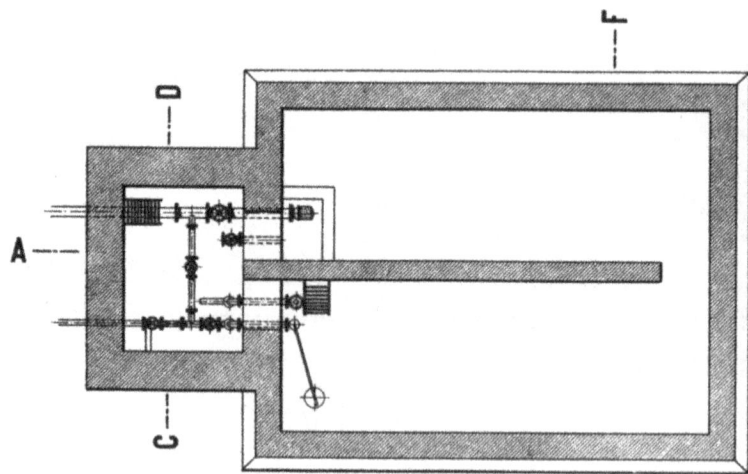

GRUNDRISS.

ehälter.

merig.

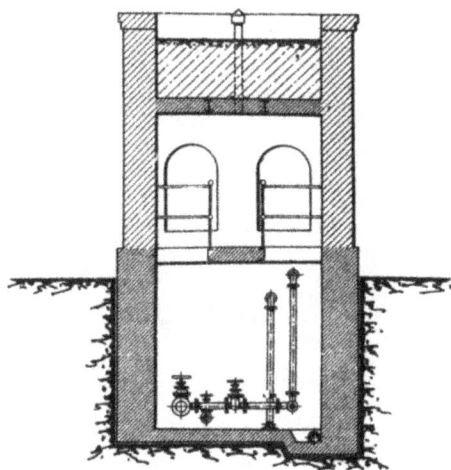

SCHNITT C-D.

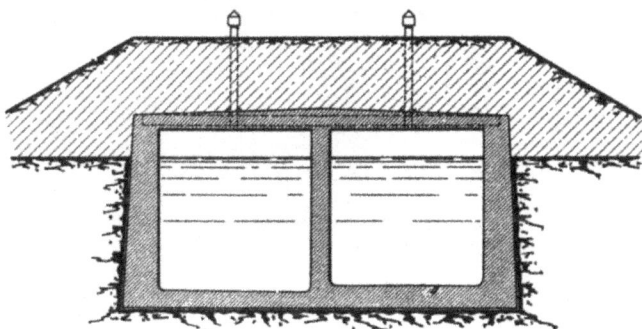

SCHNITT E-F.

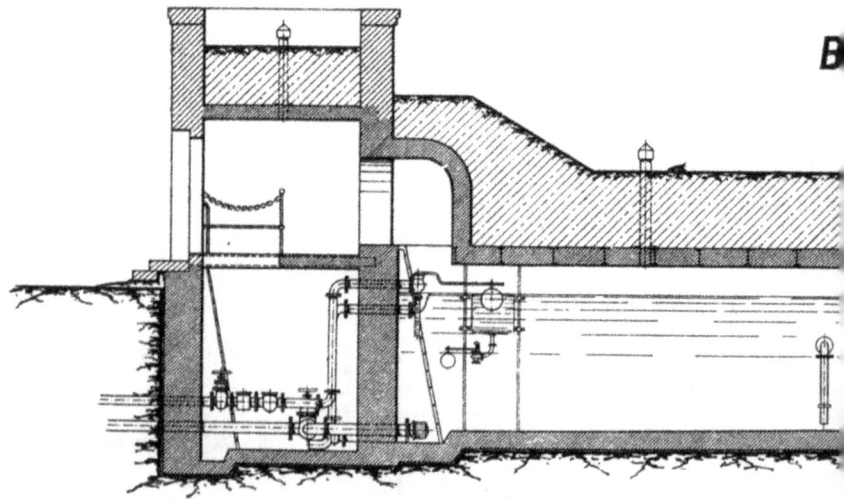

B

SCHNITT A-B

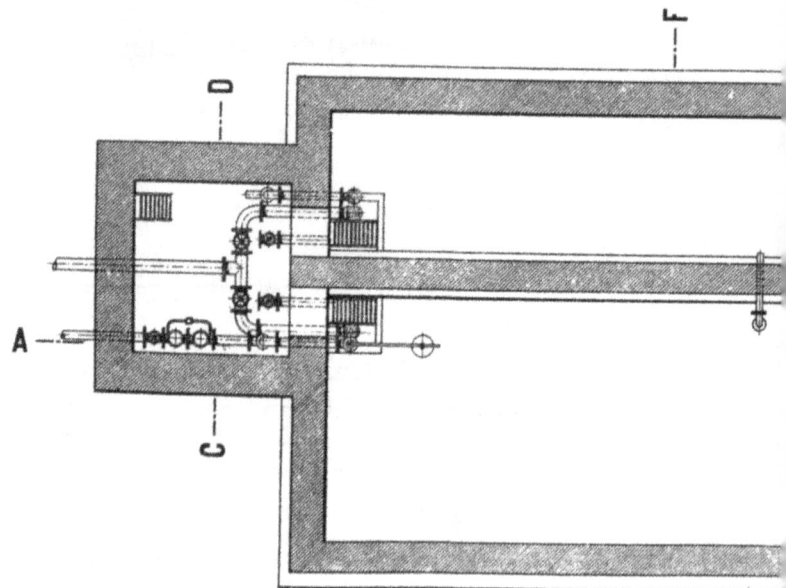

GRUNDRISS

Verlag von R. OLDENBOURG, München und Berlin.

mmerig.

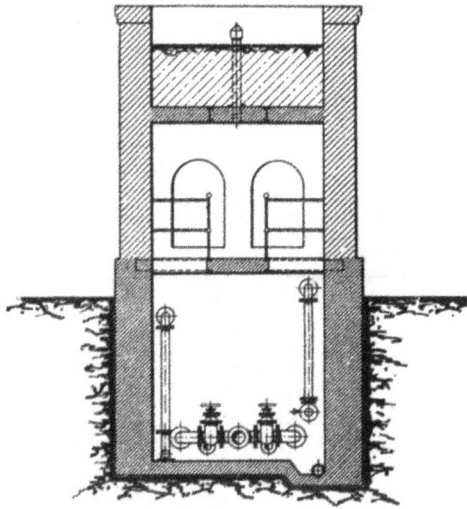

SCHNITT C-D

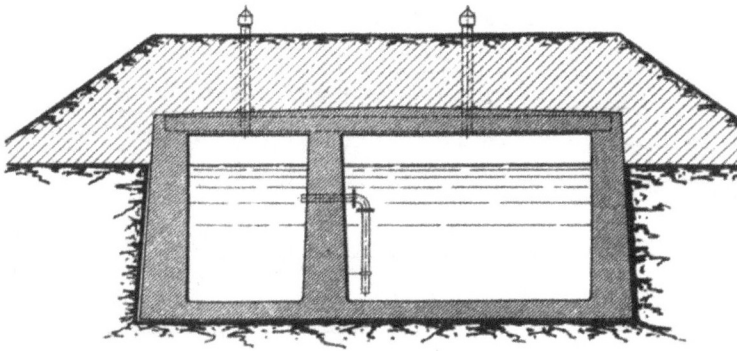

SCHNITT E-F

Maſsstab.

cm. 100 50 0 1 2 3 4 5 6 7 8 9

Lith. Anst F. Reichhold, Mü

TA

zur Berechnung der Wassergeschwindigkeiten *(v)* und Druckhö

nach der

$$\text{Wassergeschwindigkeit } v = \frac{4}{\pi}\frac{Q}{d^2}$$

Lichte Rohrweite d in mm	Einf. Druckhöhenverlust pro 100 m		0,2	0,3	0,4	0,5	0,6	0,7										
19			0,706	1,059	1,415	1,783												
25																		
31																		
40		v	0,159	0,239	0,318	0,398	0,478	0,577	0,637	0,716	0,796	0,955	1,115					
		h	0,105	0,237	0,420	0,657	0,955	1,382	1,684	2,127	2,629	3,752	5,159					
50	$3,0632\,v^2$	v	0,102	3,153	0,204	0,255	0,306	0,357	0,408	0,459	0,510	0,611	0,713	0,816	0,918	1,020	1,121	1,
		h	0,032	0,072	0,127	0,199	0,287	0,390	0,510	0,645	0,797	1,147	1,562	2,040	2,582	3,187	3,437	4,
60	$2,4083\,v^2$	v			0,141	0,177	0,212	0,246	0,283	0,318	0,354	0,424	0,495	0,566	0,637	0,707	0,778	0,8
		h			0,048	0,074	0,108	0,149	0,193	0,243	0,301	0,433	0,590	0,771	0,978	1,204	1,457	1,
7(	$1,9767\,v^2$	v				0,130	0,156	0,182	0,208	0,234	0,260	0,312	0,364	0,416	0,468	0,520	0,572	0,
		h				0,033	0,048	0,065	0,085	0,108	0,134	0,192	0,262	0,342	0,433	0,534	0,646	0,
8(	$1,6719\,v^2$	v					0,119	0,139	0,159	0,179	0,199	0,239	0,278	0,318	0,358	0,398	0,438	0,
		h					0,024	0,033	0,042	0,054	0,066	0,095	0,130	0,169	0,214	0,265	0,320	0,
9	$1,4461\,v^2$	v						0,126	0,142	0,157	0,189	0,220	0,252	0,283	0,314	0,346	0,	
		h						0,023	0,029	0,036	0,051	0,070	0,090	0,116	0,143	0,173	0,	
1(	$1,2728\,v^2$	v							0,127	0,153	0,178	0,204	0,229	0,255	0,280	0,		
		h							0,021	0,030	0,040	0,053	0,067	0,083	0,100	0,		
1	$1,1357\,v^2$	v								0,147	0,168	0,189	0,210	0,231	0,			
		h								0,025	0,032	0,041	0,050	0,061	0,			
1	$0,9768\,v^2$	v									0,146	0,163	0,179	0,1				
		h									0,021	0,026	0,031	0,				
1	$0,7910\,v^2$	v										0,125	0,1					
		h										0,012	0,0					
	$0,6378\,v^2$	v																
		h																
	$0,5717\,v^2$	v																
		h																
	$0,4470\,v^2$	v																
		h																
	$0,3929\,v^2$	v																
		h																
300	$0,3648\,v^2$	v																
		h																

E

(h) für verschiedene Rohrweiten (d) und Wassermengen (Q)
Formel.

Druckhöhenverlust pro 100 m $= h = \left(0{,}1014 + \dfrac{0{,}002588}{d}\right)\dfrac{v^2}{d}$.

...menge in Liter

		5,0	6,0	8,0	10,0	12,0	15,0	20,0	25,0	30,0	35,0	40,0	45,0	50,0		Lichte Rohrweite d in mm
																19
															v	25
															h	
															v	31
															h	
															v	40
															h	
1,530	1,785	2,040													v	50
7,170	9,760	12,750													h	
1,061	1,238	1,415	1,592	1,769	2,123										v	60
2,712	3,692	4,817	6,103	7,536	10,488										h	
0,780	0,910	1,039	1,169	1,299	1,556	2,079									v	70
1,202	1,635	2,13	2,703	3,338	4,806	8,544									h	
0,597	0,696	0,796	0,895	0,995	1,194	1,591	1,990	2,388	2,985						v	80
0,595	0,811	1,059	1,340	1,654	2,382	4,234	6,616	9,534	14,896						h	
0,472	0,550	0,629	0,707	0,786	0,948	1,259	1,574	1,889	2,401						v	90
0,322	0,438	0,572	0,723	0,893	1,268	2,287	3,573	5,263	8,503						h	
0,382	0,446	0,509	0,573	0,637	0,764	1,019	1,273	1,528	1,911	2,546	3,182	3,819				00
0,186	0,253	0,330	0,418	0,516	0,718	1,321	2,063	2,974	4,648	8,255	12,814	18,506				
0,316	0,368	0,421	0,474	0,526	0,621	0,842	1,052	1,263	1,579	2,104	2,630	3,156	3,682			10
0,113	0,154	0,201	0,255	0,314	0,438	0,803	1,258	1,812	2,831	5,028	7,856	11,312	15,397			
0,244	0,285	0,325	0,366	0,407	0,488	0,650	0,813	0,981	1,224	1,630	2,037	2,435	2,852	3,260	v	5
0,058	0,079	0,103	0,131	0,162	0,232	0,413	0,646	0,941	1,467	2,478	4,054	5,789	7,946	10,380	h	
0,170	0,198	0,226	0,255	0,283	0,340	0,433	0,567	0,679	0,849	1,132	1,415	1,698	1,981	2,264	v	0
0,023	0,031	0,041	0,051	0,063	0,092	0,162	0,254	0,365	0,570	1,013	1,583	2,286	3,121	4,053	h	
0,125	0,146	0,166	0,187	0,208	0,249	0,333	0,416	0,499	0,624	0,831	1,039	1,247	1,455	1,663	v	5
0,010	0,014	0,018	0,022	0,028	0,040	0,071	0,110	0,159	0,248	0,441	0,689	0,992	1,350	1,763	h	
	0,127	0,143	0,159	0,191	0,255	0,318	0,382	0,477	0,637	0,796						
	0,009	0,012	0,014	0,021	0,037	0,058	0,083	0,130	0,232	0,363						
		0,126	0,151	0,201	0,252	0,302	0,377	0,503	0,629							
		0,009	0,011	0,020	0,032	0,046	0,071	0,127	0,198							

... 0,010 0,000 0,009 0,117 0,148 0,182 h

Druck und Verlag von R. Oldenbourg, München und Berlin.